国家出版基金项目
NATIONAL PUBLICATION FOUNDATION

涡轮机械与推进系统出版项目

"两机"专项：航空发动机技术出版工程

航空发动机
进排气系统试验

张志学　谢业平　肖新鹰　等　编著

科学出版社

北京

内 容 简 介

本书主要介绍典型航空发动机进排气系统试验的研究背景、试验目的、试验方案设计和典型案例,与现有教材和航空发动机相关丛书合理衔接,力求达到学科基本理论与工程实践应用相结合的目的,希望为读者提供系统、全面、细致的航空发动机进排气系统试验参考文献。

本书主要面向我国从事航空燃气轮机进排气设计和试验的研究人员,可以作为设计中的工具书,也可以为高等院校从事相关专业和课题研究的教师及学生提供参考。

图书在版编目(CIP)数据

航空发动机进排气系统试验/张志学等编著. —北京:科学出版社,2022.12

"两机"专项:航空发动机技术出版工程 国家出版基金项目 涡轮机械与推进系统出版项目

ISBN 978-7-03-074380-0

Ⅰ. ①航… Ⅱ. ①张… Ⅲ. ①航空发动机—进气系统—系统试验②航空发动机—排气系统—系统试验 Ⅳ. ①V231.1

中国版本图书馆 CIP 数据核字(2022)第 246481 号

责任编辑:徐杨峰/责任校对:谭宏宇
责任印制:黄晓鸣/封面设计:殷 靓

科学出版社 出版
北京东黄城根北街 16 号
邮政编码:100717
http://www.sciencep.com

南京展望文化发展有限公司排版
苏州市越洋印刷有限公司印刷
科学出版社发行 各地新华书店经销

*

2022 年 12 月第 一 版 开本:B5(720×1000)
2022 年 12 月第一次印刷 印张:11 3/4
字数:225 000
定价:100.00 元
(如有印装质量问题,我社负责调换)

涡轮机械与推进系统出版项目
顾问委员会

"两机"专项：航空发动机技术出版工程
专家委员会

主任委员
曹建国

副主任委员
李方勇　尹泽勇

委　员
（以姓名笔画为序）

王之林　尹泽勇　甘晓华　向　巧　刘大响
孙　聪　李方勇　李宏新　杨　伟　杨　锐
吴光辉　吴希明　陈少洋　陈祥宝　陈懋章
赵振业　唐　斌　唐长红　曹建国　曹春晓

"两机"专项：航空发动机技术出版工程
编写委员会

主任委员
尹泽勇

副主任委员
李应红　刘廷毅

委 员
（以姓名笔画为序）

丁水汀　王太明　王占学　王健平　尤延铖
尹泽勇　帅　永　宁　勇　朱俊强　向传国
刘　建　刘廷毅　杜朝辉　李应红　李建榕
杨　晖　杨鲁峰　吴文生　吴施志　吴联合
吴锦武　何国强　宋迎东　张　健　张玉金
张利明　陈保东　陈雪峰　叔　伟　周　明
郑　耀　夏峥嵘　徐超群　郭　昕　凌文辉
陶　智　崔海涛　曾海军　戴圣龙

秘书组
组 长　朱大明
成 员　晏武英　沙绍智

"两机"专项：航空发动机技术出版工程
试验系列

编写委员会

主 编

郭 昕

副主编

徐朋飞　艾克波　崔海涛

委 员

（以姓名笔画为序）

丁凯峰　王永明　王振华　王晓东　艾克波
江　平　吴法勇　张志学　陆海鹰　侯敏杰
姚　华　徐　国　徐友良　徐华胜　徐朋飞
郭　昕　崔海涛　梁宝逵

航空发动机进排气系统试验
编写委员会

主 编
张志学

副主编
谢业平　肖新鹰

委 员
（以姓名笔画为序）

马　慧　王　萌　卢浩浩　朱呈祥　任智博
许志远　苏文超　李庆林　李运南　杨胜男
肖新鹰　吴　飞　张志学　柳司方　俞宗汉
谢业平　解　亮

涡轮机械与推进系统出版项目

序

涡轮机械与推进系统涉及航空发动机、航天推进系统、燃气轮机等高端装备。其中每一种装备技术的突破都令国人激动、振奋,但是技术上的鸿沟使得国人一直为之魂牵梦绕。对于所有从事该领域的工作者,如何跨越技术鸿沟,这是历史赋予的使命和挑战。

动力系统作为航空、航天、舰船和能源工业的"心脏",是一个国家科技、工业和国防实力的重要标志。我国也从最初的跟随仿制,向着独立设计制造发展。其中有些技术已与国外先进水平相当,但由于受到基础研究和条件等种种限制,在某些领域与世界先进水平仍有一定的差距。为此,国家决策实施"航空发动机及燃气轮机"重大专项。在此背景下,出版一套反映国际先进水平、体现国内最新研究成果的丛书,既切合国家发展战略,又有益于我国涡轮机械与推进系统基础研究和学术水平的提升。"涡轮机械与推进系统出版项目"主要涉及航空发动机、航天推进系统、燃气轮机以及相应的基础研究。图书种类分为专著、译著、教材和工具书等,内容包括领域内专家目前所应用的理论方法和取得的技术成果,也包括来自一线设计人员的实践成果。

"涡轮机械与推进系统出版项目"分为四个方向:航空发动机技术、航天推进技术、燃气轮机技术和基础研究。出版项目分别由科学出版社和浙江大学出版社出版。

出版项目凝结了国内外该领域科研与教学人员的智慧和成果,具有较强的系统性、实用性、前沿性,既可作为实际工作的指导用书,也可作为相关专业人员的参考用书。希望出版项目能够促进该领域的人才培养和技术发展,特别是为航空发动机及燃气轮机的研究提供借鉴。

张彦仲

2019 年 3 月

"两机"专项：航空发动机技术出版工程

序

航空发动机誉称工业皇冠之明珠,实乃科技强国之重器。

几十年来,我国航空发动机技术、产品及产业经历了从无到有、从小到大的艰难发展历程,取得了显著成绩。在世界新一轮科技革命和产业变革同我国转变发展方式的历史交汇期,国家决策实施"航空发动机和燃气轮机"重大科技专项(即"两机"专项),产学研用各界无不为之振奋。

迄今,"两机"专项实施已逾三年。科学出版社申请国家出版基金,安排"'两机'专项：航空发动机技术出版工程",确为明智之举。

本出版工程旨在总结"两机"专项以及之前工作中工程、科研、教学的优秀成果,侧重于满足航空发动机工程技术人员的需求,尤其是从学生到工程师过渡阶段的需求,借此为扩大我国航空发动机卓越工程师队伍略尽绵力。本出版工程包括设计、试验、基础与综合、材料、制造、运营共六个系列,前三个系列已从2018年起开始前期工作,后三个系列拟于2020年启动,希望与"两机"专项工作同步。

对于本出版工程,各级领导十分关注,专家委员会不时指导,编委会成员尽心尽力,出版社诸君敬业把关,各位作者更是日无暇晷、研教著述。同道中人共同努力,方使本出版工程得以顺利开展,有望如期完成。

希望本出版工程对我国航空发动机自主创新发展有所裨益。受能力及时间所限,当有疏误,恭请斧正。

2019 年 5 月

前　言

　　航空燃气涡轮发动机作为飞机的心脏,动力的源泉,被誉为"工业皇冠上的明珠",飞机的跨代更新乃至国防力量的增强都离不开其技术的进步。

　　中国航空发动机集团有限公司和科学出版社共同策划了"两机"专项:航空发动机技术出版工程,主要包含设计、试验和工具书系列,本书隶属于试验系列丛书。本书以先进性与实用性相结合为主要特点,梳理总结以往及现在,尤其是"两机"专项开展中航空发动机领域的优秀工程、科研和教学成果,与现有教材和航空发动机相关丛书合理衔接,力求达到学科基本理论与工程实践应用相结合的目的,旨在为从事航空燃气轮机进排气试验的设计人员提供技术指导和技术经验,也希望能为从事相关课题研究的教师和学生提供技术支持。

　　本书主要介绍航空燃气轮机进排气试验的研究背景、试验目的、试验方案设计和典型案例,并融入工程研制的背景和相关科研经验内容。主要包含进排气试验的基础理论、进气试验、排气试验、进排气系统一体化试验、试验技术展望等内容,更偏重工程实践经验的分享,希望为读者提供系统、全面、细致的进排气试验参考文献。

　　本书由中国航发沈阳发动机研究所主责编制,北方工业大学和厦门大学参与编制。主编为中国航发沈阳发动机研究所张志学研究员。副主编为中国航发沈阳发动机研究所谢业平和肖新鹰研究员,他们为本书的编写工作及内容策划把关,对书稿内容的校对和修改完善提供了宝贵意见。第1章由俞宗汉副教授、李庆林高级工程师编写;第2章由朱呈祥副教授、卢浩浩高级工程师、杨胜男高级工程师和许志远工程师编写;第3章由俞宗汉副教授、任智博高级工程师和李运南工程师编写;第4章由吴飞高级工程师、李庆林高级工程师、王萌高级工程师、许志远工程师、马慧工程师编写;第5章由谢业平研究员、苏文超工程师编写;第6章由解亮工程师编写。此外,柳司方工程师汇总了书稿,参与了本书籍编撰和修改。在此,对中国航发沈阳发动机研究所、北方工业大学和厦门大学所有参与本书编撰的人员表示感谢。

　　航空燃气轮机进排气试验内容多种多样,因此本书的编写内容是基于目前已

有认识和已完成的研究内容提炼而来,由于编著者的水平和认知有限,书中难免有
不妥之处,敬请读者批评指正。

作者

2022 年 4 月

目　录

第 5 章　进排气系统一体化试验

第 6 章　试验技术展望

第 1 章
绪　论

　　航空发动机被誉为现代工业皇冠上的明珠,主要由进气道、压气机、燃烧室、涡轮、加力燃烧室、尾喷管、附件传动装置与附属系统等组成。航空发动机内部气动、热力和结构特性极其复杂,目前仍难以仅依靠数值模拟来准确描述,发动机试验不可或缺。据统计,一型航空发动机研制工作一般需要进行十万小时的部件试验、四万小时的材料试验、一万小时的整机试车。试验测试技术是发展先进航空发动机的关键技术之一,试验测试结果既是验证和修改发动机设计的重要依据,也是评价发动机部件和整机性能的重要判定条件。进气道、喷管是航空发动机内流场与飞机外流场之间的重要交联部件,其与上、下游部件间(飞机机身前体、核心机、后体等)存在强烈的耦合效应,针对进排气部件的研究对于航空发动机性能的提升具有重要的帮助。本章将对航空发动机进排气系统试验的必要性、国内外研究现状以及未来发展趋势进行介绍。

1.1　进排气系统试验的必要性

　　进排气系统的研究方法包括: 气动构型设计研究、数值模拟研究、试验研究、总体性能建模分析研究等。其中,进排气系统试验的目的是验证气动设计的有效性,检验数值模拟研究的准确性,以及为总体性能建模提供性能模型等,可见其与其他几类研究方法具有密切的关联。同时,开展进排气系统试验的必要性有以下三个方面: ① 对于流场变化剧烈的情况(如进气道不起动、内流道流动分离等),数值模拟计算的代价巨大,甚至无法直接用数值模拟来研究;② 进排气系统与发动机的一体化研究,其上下游各部件的性能存在强耦合性,数值模拟方法几乎不能准确预测,且总体性能仿真需要的性能模型往往从试验数据中获取;③ 对于本领域发展的未来方向[如组合动力系统(turbine based combined cycle/rocket based combined cycle, TBCC/RBCC)、变循环发动机等],要求进排气系统在宽马赫数范围内均能高效工作,此类马赫数连续变化的工作模式(或变喉道、变前体能适应宽域工作的方案)仅利用数值模拟方法来研究难度较大,一般需要采用试验方法[1-4]。

1.2　进排气系统试验国内外研究现状

1.2.1　进气系统试验研究

　　根据进气道的设计马赫数,可以分为亚声速、超声速及高超声速三个类型。针对三类进气道的试验研究各有侧重。民航客机、运输机,以及早期的战斗机一般采用亚声速进气道,多数亚声速进气道为皮托式进气道,由唇口、外罩、进口后的一段扩张型管道以及风扇前的一段收缩段构成,进气通道短、进气效率高、结构简单、维修方便。一般对它的试验研究采用与发动机短舱联试的方式,在各状态下的流量捕获能力以及外罩阻力是试验主要关注的方面,这里不加展开叙述。

　　1. 亚声速进气系统研究

　　出于整体气动布局、隐身性能等因素的考虑,部分飞机采用亚声速 S 弯进气方案,由于机体附面层以及大拐折内通道的影响,进气道内部容易产生流动分离以及涡团结构,会引发进气道出口气流畸变,严重影响发动机进口的气流品质,由于此类进气道对试验的依赖性较强。谭慧俊等[5]对背负式无隔道进气道/机身一体化流场进行了试验研究,主要分析了机身上表面附面层的发展情况、进气道进口鼓包排除附面层气流的特性以及进气道内部的流动特征。研究发现,进口鼓包能够有效地隔除机身上表面的附面层气流,进口段横向压力梯度是导致附面层气流"溢出"进气道的主要驱动力。谢文忠等[6]针对一种腹下无隔道大偏距 S 弯进气道进行试验研究,得到了进气道在跨声速段的口面流动特征和内通道二次流特征,导致进气道出口畸变值较大。对于两侧进气布局,一般认为在偏航状态下总有一侧的进气道会受到机身的不利影响而应用较少。夏杨等[7]针对一种两侧翼下布局的无人机无隔道亚声速进气道进行了研究,获取了无隔道亚声速进气道的鼓包表面存在相对于机身较高的压力分布,鼓包排除附面层的效果与机身形状、唇口、进口位置以及飞行姿态等有关,对两侧布局方案,鼓包头部不宜太尖,曲面机身有利于附面层的排移。宋国磊[8]分析了双 S弯进气道内二次流生成及发展机理,并采用脉冲射流对进气道附面层分离进行控制。

　　2. 超声速/高超声速进气系统研究

　　随着航空技术的进一步发展及国防战略的需求,目前绝大多数进气道为超声速甚至高超声速。对于超声速、高超声速的进气道,常规设计技术有三类,包括二元式、轴对称式和侧压式,如图 1.1 所示。

　　近年来,一类有别于传统的进气道形式——三维内收缩式进气道(inward turning inlet)越来越引起人们的重视[9-12]。此类进气道最大特点在于采用向内收缩的流场而非轴对称外流或二维平面流动,因此具有一些有别于轴对称进气道或二元进气道的独特优势。它是基于内收缩锥形基本流场,采用流线追踪技术,在三维黏性修正以及肩部光顺后,最终形成的三维内收缩式进气道。与常规进气道相

(a) 二元式　　　　　　　(b) 轴对称式　　　　　　　(c) 侧压式

图 1.1　传统类型的高速进气道

比,在设计马赫数下三维内收缩式进气道具有几点优势:① 总压恢复系数高,进气道内的气流品质好;② 外阻小、流量系数高;③ 进气道唇罩等外型线与来流夹角小;④ 弱化了角区流动,改善了其他类型进气道角区流动的不利影响,同时因三维内收缩带来的压缩效率高,实现相同的压缩程度需要的流道长度短,这对推进系统的减重是非常有利的;⑤ 在迎风面几何形状的设计上具有较强的灵活性。

随着研究的深入,作为一种非传统的进气道形式,三维内收缩式进气道被寄予厚望,人们普遍希望此类进气道在气动性能方面能够取得变革性发展。在国内外所研究的三维内收缩式进气道设计中,美国国家航空航天局兰利研究中心(Langley Research Center)的矩形转椭圆形(rectanglar to elliptical-shape transition, REST)进气道和我国南京航空航天大学的内乘波式进气道都具备迎风面形状设计灵活性好、易于与机体匹配设计的优点。三维内收缩式进气道的发展经历了以下过程。

通常情况下,几何过渡的三维内收缩式进气道的进口形状都选择矩形。一方面,尤其对多模块进气道而言,矩形进口便于入口处的并列布置,还能方便地安装在二维前机身上以便有效地捕获来流;另一方面,有研究表明,椭圆形截面燃烧室的许多性能的确要强于矩形入口截面的燃烧室,所以进气道出口应尽量保持圆形或椭圆形。为了使两部分同时获得最佳方案,Smart 于 1998 年提出、设计了一类内收缩轴对称流场,并基于对基本流场的流线追踪,首次实现三维内收缩式进气道从矩形到椭圆的进出口型面光滑过渡[13],同时也首次实现了变截面进气道的设计,图 1.2 为该进气道设计原理及试验模型。

REST 进气道突破了直接流线追踪进气道进出口形状无法同时控制的缺点,实现了从某种规则进口(方)到另一种规则出口(椭圆)的三维内收缩式进气道设计。但如图 1.2 所示,REST 进气道的方转(椭)圆过渡仅是一种类似对棱边连续导角的方法,从设计概念上说,它仅能够实现几何上的光滑过渡而非气动上的光滑过渡。这也正是 REST 进气道即使在设计状态也无法实现完全内乘波、全流量捕获的关键原因。

尤延铖等于 2004 年提出了能够实现进出口气动过渡、全流量捕获、高压缩效率等特性的三维内乘波进气道的设计原理[14-17],发展了内乘波式进气道设计技

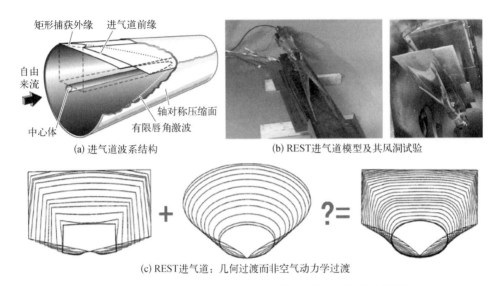

（a）进气道波系结构　　　（b）REST进气道模型及其风洞试验

（c）REST进气道：几何过渡而非空气动力学过渡

图 1.2　REST 三维内收缩式进气道的设计原理及试验模型

术,且通过进一步研究得到其流场性能优于几何过渡式的 REST 进气道。在内乘波进气道的研究中,首先对进出口形状可定制的内乘波式进气道的设计理论进行分析,得到一定长径比的轴对称基本流场作为设计进气道的基本流场,建立一系列的基本流场(相同进口马赫数,以及对应不同压缩能力的、不同出口马赫数的基本流场),通过吻切流原理进行周向地组合,进而设计出符合内乘波特点的高性能进气道:其进气道入口型面生成一道曲面的(常为内锥面)内收缩激波且完全贴合在唇口上,阻止进气道内部的高压气流向外溢走,从而显著提升了进气道的压缩效率。在进气道内气流遇上进口激波的反射激波之前,气流会经历一段等熵压缩。基于吻切轴对称理论可以得到,只要横向截面内激波强度相等,复杂的三维进气道压缩型面设计可以简化为二维基本流场(轴对称流场也是二维的)在周向上的组合。双吻切轴对称理论的内容,是将进气道壁面划分为上、下两侧,再分别对单侧壁面按进出口位置要求设计吻切轴对称基本流场。

图 1.3 利用双吻切轴对称理论设计了某方转椭圆内乘波式进气道的流场结构,可以看出内乘波式进气道能在设计状态下基本实现全流量捕获(兰利研究中心的 REST 进气道有 5%的溢流),且完全具有其他内收缩式进气道的各项优点(如压缩效率高、外流阻力小、进出口形状设计灵活、易于与机体匹配等)。随后,对该进出口形状可定制的内乘波式进气道进行了马赫数为 5 的高焓风洞试验研究,获得了该进气道通流/反压条件下,以流量捕获能力为主的进气道总体性能及其流动特征。在试验状态下,进气道的流量系数为 0.99±0.01,出口平均马赫数为 2.78,压比为 13.98,平均总压恢复为 0.609,进气道能承受最大 51.4 倍来流压力的反压,图 1.3 的右图为进气道的风洞照片。

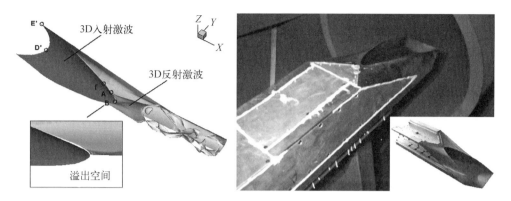

图 1.3　具有全流量捕获特性的三维内乘波式进气道

基于下一代战机飞发一体化对低能流排移能力、高压缩效率、大容积率的发展趋势,这里从前缘进气方案、前体作为预压缩的一体化方案,以及 Bump 进气道一体化方案三方面来说明机体/进气道一体化设计研究[18-21]。

前缘进气方案是将进气道直接放在飞行器的头部、翼身结合部等区域的最前缘,使得进气道直接捕获均匀来流,且不受近壁低能流及复杂波系的影响,其进气道受飞行器机体的影响小,这里以三类典型的前缘进气一体化方案为例说明。

欧盟的长期先进推进概念和技术(Long-term Advanced Propulsion Concepts and Technologies,LAPCAT)计划提出的重点方案:头部进气的 LAPCAT - MR2,如图 1.4 所示。其气动外形由外形纤长的乘波体以及椭圆入口型线的三维内收缩式进气道结合而成,压缩效率高。LAPCAT - MR2 的巡航马赫数为 8.0,由于机体较为细长,整个飞行器所受外阻小,升阻比能够保证,同时具备巡航飞行的气动特性。然而,由于整个上表面被推进系统所占据,同时进气道的三维压缩型面也占据了机身的体积,所以飞行器的容积率不高,为其他飞行器组件预留的空间受到限制。

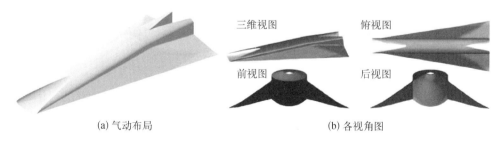

(a) 气动布局　　　　　　　　　　　　　　　(b) 各视角图

图 1.4　欧盟 LAPCAT 计划一体化飞行器:头部进气方案

美国 Astrox 公司、莱特-帕特森空军基地与波音公司共同提出了高超声速空间与全球运输系统(Hypersonic Space and Global Transportation System, HSGTS)概念飞行器,拟实现从地面起飞到二级入轨的飞行任务,其第二级的气动布局如图 1.5 所示。该飞行器的两个进气通道并列布置,相较于单通道的飞行器来说,进气道通道之间的空间可利用,容积率相对较高。同时,将进气道布置在乘波机体的另一侧(即机体上表面),实现了内流与外流的解耦,使低马赫数情况下其升阻比不受进气系统的影响。然而,由于飞行器需要携带低温推进剂,其整体配重和大容积率空间存在较大的挑战,特别是整个头部都被进气系统占据,对机体配重和质心的指定十分不利。

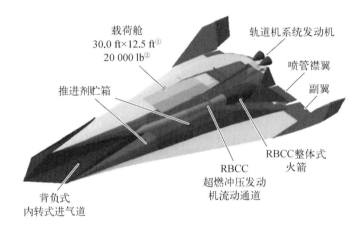

图 1.5　HSGTS 概念飞行器的第二级气动布局:头部双通道进气方案

美国国防高级研究计划局(Defence Advanced Research Projects Agency, DARPA)和美国空军(United States Air Force, USAF)联合提出的"猎鹰"(FALCON)计划中提出了如图 1.6 所示的高超声速巡航飞行器(hypersonic cruise vehicle, HCV)概念[22],其进气系统设置在翼身结合部。进气道上游流场几乎不受机体的干扰,同时进气道与翼身在空间上相对独立,有较大的容积率提升可能。在

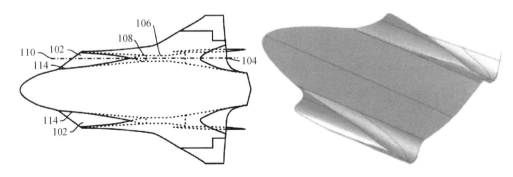

图 1.6　美国 FALCON－HCV 的一体化飞行器气动布局:翼身结合部进气方案

---

① ft 表示英尺,1 ft＝0.304 8 m。
② lb 表示磅,1 lb＝0.453 592 kg。

设计状态下,基于吻切流理论设计的三维进气道能够实现高流量捕获能力。然而该方案将进气道设置在乘波机体一侧,在低马赫数情况下,入口激波脱离压缩中心而产生溢流,飞行器两侧的流场易受入口激波变形及进气道溢流的影响,从而导致机体的升阻比降低明显,不利于保持较好的机体操稳特性。

由上文可得,前缘进气的机体/进气道一体化设计概念能够保证进气道的入口不受机体的低能流以及复杂波系的影响,但是也存在进气道安装位置受限、机体操稳特性难以保证、机体容积率不高等设计难点。

内外流耦合的机体/进气道一体化设计理念,将飞行器前缘和进气道的流场进行一体化设计,是一种新的流场组织思路。这类一体化设计方案能够拓宽进气道在飞行器机体上的流向布置空间裕度。通过设置不同长度和压缩能力的前体型面,在一定程度上解决了进气道安装位置受限的问题。

美国国家航空航天局(National Aeronautics and Space Administration, NASA)的 X-43 原理验证飞行器[23]是这种一体化设计理念的早期典型代表,如图 1.7 所示。X-43 采用了三级压缩斜板与二元进气道进行一体化设计,实现了首次在持续 11 s 的飞行中达到马赫数 6.831 6 的飞行记录。不过从其气动外形就可以看出,由于机体头部过于纤薄,其整体配重难以调节,在设计飞行验证机时头部几乎不可以布置任何其他组件,故采用了高密度金属材料钨来保证整体配重的协调。

(a) 数值模拟结果　　　　　　　　　　　　　(b) 风洞试验

图 1.7　X-43 原理验证飞行器

中国空气动力研究与发展中心的贺旭照等[24]针对不同的曲锥乘波构型,开展了较为深入的机体/进气道的一体化设计以及性能研究,如图 1.8 所示。基于不同基准流场的乘波体特性,以及不同飞行器前体的几何约束条件,能够得到乘波构型的最优解,从而在提高乘波体的容积率以及压缩效率上取得平衡。利用密切和流线追踪技术能够较好地保证进气系统的高性能(高流量捕获、高压缩效率及低能量损失等)。此类气动布局相较于 X-43 飞行器而言,其容积率可以通过前体的基本流场以及乘波体的型面构造来提升,另外飞行器在不同来流速度以及飞行姿态下的操稳特性有待有进一步研究。

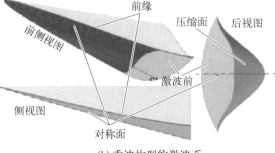

(a) 风洞试验模型　　　　　　　　　　(b) 乘波构型的激波系

图 1.8　曲锥乘波体/进气道一体化设计

西南科技大学燃烧空气动力学研究中心的乔文友等[25-28]提出了飞行器前体激波形状可定制的内收缩进气道一体化设计方法,如图 1.9 所示。针对不同的机体造型实现了全流量捕获的进气道入射激波设计,并通过指定的沿程马赫数控制规律得到最终进气道气动构型。此类气动布局由于采用灵活可定制的三维流场结构,在宽马赫数来流下气动性能良好。其进气道流向安装位置可以根据前体的基本流场长度对应设计,不过由于是基于无黏流设计,机体发展的低能流对进气道入口品质的影响有待研究,且如果匹配图 1.9 中所示的锥形弹身,进气道两侧的角区的压力骤增,流场性能将会受到影响。

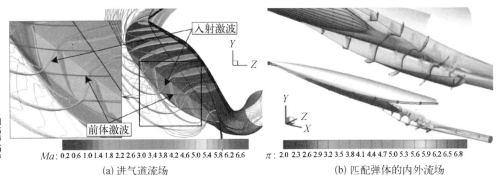

Ma: 0.2 0.6 1.0 1.4 1.8 2.2 2.6 3.0 3.4 3.8 4.2 4.6 5.0 5.4 5.8 6.2 6.6　　π: 2.0 2.3 2.6 2.9 3.2 3.5 3.8 4.1 4.4 4.7 5.0 5.3 5.6 5.9 6.2 6.5 6.8

(a) 进气道流场　　　　　　　　　　(b) 匹配弹体的内外流场

图 1.9　飞行器前体激波形状可定制一体化设计

注: π 为静压比,即所在位置处压力与自由来流静压之比

如图 1.10 所示,厦门大学李怡庆等[29]发展了曲锥前体和三维内转式进气道的一体化设计方法,并深入研究了侧壁外扩角、捕获形状圆心角、外压缩段总长度等关键参数对进气道内外流气动性能的影响规律,可为曲锥前体的进发一体化设计提供详尽参考。同时该一体化造型在设计马赫数 6.0 下,流量系数达到 0.93,总压恢复系数达到 0.61;在低马赫数 5.0 下,流量系数能够维持在 0.86,总压恢复系数达到 0.77。

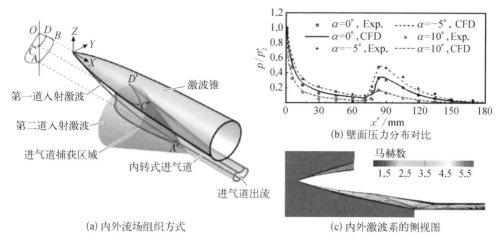

图 1.10　基于曲锥激波的高流量捕获三维内转式进气道一体化设计

p 为壁面静压;p_2^* 为自由来流总压

　　综上可得,内外流耦合的一体化设计,相较于前文所述的前缘进气方案,在一定程度上拓宽了进气道在流向的安装位置,同时通过内外流的一体化设计也能够保证较高的气动性能。然而,绝大部分的研究着重于锥形或者曲锥形的飞行器前体。针对高超声速飞行器不同的外形构造,其方法的适用范围值得进一步拓展。所以,在一体化设计中,还必须考虑以下几方面的因素:① 针对不同程度的前体低能流,需要对其进行高效排移,从而实现进气道在飞行器机体流向位置的宽范围可调节性;② 来流的非均匀效应需要考虑在进气道唇口型面设计中,以期得到不同非均匀来流情况下较好的进气道气动性能。

1.2.2　排气系统试验研究

　　随着航空技术的发展,喷气发动机的排气系统向着高效低损、多功能、可靠、低重量方向发展。喷管沿着从固定收敛喷管、可调收敛喷管到可调收扩喷管的技术路线发展,同时,又需兼具改变推力方向的推力矢量功能,以及在飞机红外隐身、雷达隐身方面承担着重要角色。

　　20 世纪国外航空发达国家开展了推力矢量/反推力和隐身功能排气系统的研究,并开展推力矢量技术演示验证飞行试验。美国实施综合高性能涡轮发动机技术计划(Integrated High Performance Turbine Technology Program, IHPTET),目标是研制高效的多功能排气系统,具有全方位的推力矢量功能,低信号特征,无冷却设计,采用轻质耐高温合金、陶瓷基复合材料和碳-碳材料。苏联则在先期关键技术突破的基础上,在 AL-31F 发动机上换装轴对称矢量喷管,并改装苏-27 飞机进行飞行演示验证。在掌握推力矢量喷管相关关键技术并完成飞行演示验证后,国外航空发达国家推力矢量技术已达到工程应用阶段,并用于装备。美国成功地将推力矢量技术应用于第五代战斗机 F－22 飞机上,苏联则成功地将推力矢量技术应用于第三代战斗机苏－30 飞机的改装。为控制喷管重量,国外开展了流体控制喷管技术研究,从原理上具有大大降低重量和成本的潜在可能。

紧跟国外航空发达国家脚步,我国开展了轴对称收扩喷管、二元矢量喷管、垂直起落动力装置、流体控制推力矢量喷管、隐身技术、组合动力单边膨胀喷管等技术研究,通过对涡喷、涡扇发动机的研制和改进,在排气系统部件设计技术上积累了工程经验和研究成果,具备排气系统设计能力。

排气系统的试验研究离不开排气系统试验设备,排气系统试验设备的两个基本功能是模拟和测量,即模拟所需试验状态并测量相应参数。排气系统试验技术研究包括模拟技术、测量技术、试验方法等,以及与这些技术相关的关联技术。排气系统试验技术未来向更真实模拟与更高精度测量方向发展。排气系统试验主要模拟落压比(又称膨胀比)和温度,有时也模拟流量和压力;测量参数包括压力、温度、流量、推力等。从地面到高空,航空发动机排气系统的落压比变化很大,对空天发动机排气系统,落压比甚至达到 100。对如此大的落压比范围,在地面设备中进行模拟需要用到落压比模拟技术,落压比模拟方法有抽气和引射等,即采用抽气机或引射器将排气系统所在环境抽吸为负压,以此来模拟高空条件,从而达到所需落压比,模拟高空条件需要配备高空舱。温度模拟主要采用燃烧器燃烧燃料后产生的高温燃气来达到排气系统进口高温气流状态。排气系统试验项目主要包括:推力特性、流量特性、壁面压力分布、总压恢复系数、速度系数、排气噪声特性、红外辐射特性、运动机构运动规律、密封性能、冷效特性等。国内对分开排气式喷管、混合排气式喷管、塞式喷管、固定几何喷管、球面收敛喷管、低可探测 S 弯喷管、短垂喷管、单边膨胀喷管、一体化喷管、燃机排气装置等开展了试验研究。

测量技术方面,空气流量通常采用国际通用的标准孔板、ISA1932 喷嘴、文丘里喷嘴等测量。压力通常采用扫描式压力测量仪及压力传感器等测量。温度通常采用热电偶、铂电阻等进行测量;推力通常采用三分量、四分量、六分量等测力装置测量。喷口流场通常采用粒子图像测速(Particle Image Velocimetry,PIV)、体三维流场测速仪(Volumetric 3-component Velocimetry,V3V)、纹影仪等测量。

为测量喷管矢量推力,已发展出三分量、四分量、六分量测力装置。据相关文献,国内对七分量、九分量测力装置也开展了相关研究,但行业内用得最多的是六分量测力装置(有些称六分量天平、六分力台架)。美国航空航天学会(American Institute of Aeronautics and Astronautics,AIAA)2003 年颁布 AIAA R－091－2003《风洞试验内式应变天平校准和使用》标准[30],2020 年颁布修订版 AIAA R－091A－2020《风洞试验内式应变天平校准和使用》标准。标准介绍了具体天平校准方法,包括校准过程、校准矩阵确定、载荷计算方法、校准结果转换到风洞试验环境等问题。国内 1994 年颁布 GJB 2244 - 1994《风洞应变天平规范》,2011 年颁布修订版 GJB 2244A - 2011《风洞应变天平规范》,成为喷管试验中测力装置校准与数据处理的重要依据。

试验状态调控技术方面,进行状态调节时,需要将试验状态控制在允许范围内,并保持稳定一段时间,同时尽量缩短从状态调节到状态稳定的时间,提高调节效率。通过程序自动控制阀门组的开启和关闭,可以实现试验状态快速调节,节省人力,消除人为误操作。阀门组中各阀门之间的匹配调节控制方法是调控技术的关键,优化调控方法是试验工作的重要任务之一。

如表 1.1 所示,国外先进航空大国的排气试验设备按不同功用分门别类建设,功能细分且齐全,数量众多,同时大量应用光学测试手段,状态模拟与测试的精细化程度高。

表 1.1 国外排气试验设备[31-34]

名 称	设 备 功 能	技 术 指 标	测试内容和手段
美国国家航空航天局先进喷管试验器	各型喷管高空模拟试验	主流: 187. 78℃, 275. 79 kPa, 流量 18. 14 kg/s 二股气流: 常温, 275. 79 kPa, 流量 9. 53 kg/s 121. 11℃, 861. 84 kPa, 流量 0. 91 kg/s 121. 11℃, 3 102. 64 kPa, 流量 3. 63 kg/s 大气压至真空: 20~26 in①(Hg) 模拟高空环境 14 630 m 模型最大尺寸: 内径 22. 22 cm; 长 152. 4 cm 试验舱内径为 2. 29 m, 长度为 7. 01 m 最大轴向推力 1 360. 78 kg 最大垂直和侧向推力 453. 59 kg	压力、流量、温度、推力;配备三分量测力装置;彩色纹影系统
美国国家航空航天局排气喷管试验器(Jet Exit Test Facility, JETF)	矢量喷管推力特性,气动特性试验;高落压比喷管推力特性,气动特性试验,固定喷管推力和气动特性试验;组合动力排气装置试验	落压比: 2~102 推力: ±1 200 lbf② 俯仰力: ±800 lbf	壁面静压、流量、温度、推力测量
美国国家航空航天局喷管声学试验器(Nozzle Acoustic Test Rig, NATR)	通过自由射流风洞模拟喷管外流环境,分析喷管在外流环境下的排气噪声特性、气动特性和推力特性	排气速度 ≥ 500 m/s 排气温度 ≤773 K	压力、流量、温度、推力、噪声;Bruel & Kjaer 麦克风布置在半径 48 ft 呈 120°的扇形区域内

① in 表示英寸,1 in = 2.54 cm。
② lbf 表示磅力,1 lbf = 4.448 22 N。

续　表

名　称	设备功能	技术指标	测试内容和手段
波音公司高落压比喷管试验器	开展高落压比喷管/常规喷管流量特性、推力特性、气动特性试验	法向力：±6 000 lbf 轴向力：±1 000 lbf 偏航力：±2 000 lbf 供气压力：≤1 000 psi ①	壁面静压、流量、温度、推力测量
伊文代尔喷气噪声试验设备	喷气噪声的特性试验和消声试验	设备尺寸 13 m×24 m；截止频率 220 Hz；环境噪声≤40 dB	麦克风、激光测速仪
波音公司大尺寸双涵喷管试验器	开展双涵道喷管试验，常规喷管试验	供气压力：≤173 psi 推力：−2 000～2 500 lbf 偏航力：−850～850 lbf 供气温度：≤1 200 ℉	压力、流量、温度、推力测量
英国国家燃气涡轮研究院喷管试验器	喷管内外流试验	流量：≤2.27 kg/s 压比：≤30 跨声速外流	压力、流量、温度、推力测量
法国斯奈克玛公司喷管试验器	民用涡喷发动机喷管试验	推力：≤170 kN	压力、流量、温度、推力测量
德国斯图加特大学排气系统试验器	喷管流动特性试验	流量：≤0.84 kg/s 进口压力：≤0.7 MPa	流场测量、压力、流量、温度
俄罗斯中央航空发动机研究院排气装置模型试验器（Ц-5/6）	常规喷管试验、外流试验	流量：≤10 kg/s 外流流量：≤5 kg/s 进口压力：≤1 MPa 空气温度：280～350 K	压力、流量、温度、推力测量、配备三分量测力装置
彼尔姆航空发动机科研生产联合体推力反转装置、混合器和其他部件的模型吹风装置	常规喷管/反推力喷管推力特性，气动特性试验	外涵流量：≤19 kg/s 内涵流量：≤6 kg/s 进口压力：≤0.33 MPa 内涵空气温度：≤1 150 K 外涵空气温度：≤450 K	压力、流量、温度、推力测量
洛克希德·马丁公司HTV-3X 组合动力发动机静态喷管试验台	组合动力排气装置试验	落压比：≤200 模拟飞行马赫数：0.2～5	压力、流量、温度、推力和排气噪声测量
洛克希德·马丁公司HTV-3X 涡轮发动机模型试验台	组合动力试验	落压比：≤300 模拟飞行马赫数：6	压力、流量、温度、推力和排气噪声测量
美国阿诺德工程发展中心 TBCC 模型试验台	TBCC 喷管模型试验	落压比：≤150 模拟飞行马赫数：4	压力、流量、温度、推力测量

---

① psi 表示磅力每平方英寸，1 psi = 6 894.757 Pa。

续　表

名　　称	设 备 功 能	技 术 指 标	测试内容和手段
美国阿诺德工程发展中心空气动力与推进试验装置（Aerodynamic and Propulsion Test Unit, APTU）	高超声推进系统地面试验	模拟飞行马赫数：3～7.2	压力、流量、温度、推力测量
普渡大学环形引射喷管试验器	超声速喷管/常规喷管气动、推力特性试验	供气压力：≤10 bar① 供气温度：≤1 300 ℉ 推力：300～3 000 lbf 偏航力：≤500 lbf	压力、流量、推力测量、排气流场测量
罗·罗公司推力转向喷管试验器	常规喷管、推力转向喷管的气动、热力、推力和排气噪声特性试验	推力：≤6 000 lbf 俯仰力：≤4 000 lbf 供气温度：≤1 400 ℉	压力、流量、温度、推力和排气噪声测量
罗·罗公司静态推力试验器	常规喷管气动、推力特性试验	主流供气压力：≤75 psi 次流供气压力：≤150 psi 总压不均匀度：≤0.6% 试验舱压：≤7 psi	压力、流量、推力测量

　　国内中国航空发动机集团、中国航空工业集团及航空专业相关的高校建有排气试验设备及风洞，可开展排气系统的气动性能和结构特性试验、内流和外流试验，配备光学测试设备并推广应用。

1.3　进排气系统试验的未来发展趋势

　　随着航空技术的飞速发展，对军用飞机的作战能力提出了更高要求，具有经济可承受性的多用途、大航程、全天候的军用战机成为新的发展方向。航空发动机管流部件是航空发动机各部件间的重要交联部件，其与上、下游部件间（如风扇、压气机、涡轮、排气系统等）存在强烈的耦合影响，当前航空发动机各部件气动性能已挖掘至极限，提升困难，故研究管流部件与其关联部件间的耦合流动机理、发展一体化设计方法对于提升航空发动机综合性能具有积极意义。此外，新一代战斗机要求高机动、高隐身，普遍采用具有大曲率的 S 型进气道，在不同的攻角、侧滑角飞行状态下，S 型进气道出口会产生正向整体涡、负向整体涡、对涡等旋流畸变形式，其流动结构复杂，且和风扇间耦合影响显著。要在满足隐身约束条件下充分发挥发动机效能，就必须充分了解进气道风扇耦合流动机理，提高整体匹配和相容性。根据以上分析，飞行器前后体的设计参数对发动机的工作效率有很大影响，而发动机

① bar 表示巴，1 bar＝10^5 Pa。

出口处的流动状况又会决定后体膨胀区的压力分布,进而改变飞行器的综合推阻特性。对于进排气系统的研究,仅通过独立部件的试验难以准确还原飞行器前、后体及核心机部分对进排气部件的综合影响。因此,进排气系统试验必须向着考虑推阻综合性能的一体化方向发展。

参考文献

[1]　罗明东,吉洪湖,黄伟.非加力涡轮发动机排气系统红外辐射强度的数值计算[J].航空动力学报,2007,22(10):1609 – 1616.

[2]　黄伟,吉洪湖,斯仁,等.涡扇发动机排气系统红外特征[J].推进技术,2010,31(6):745 – 750.

[3]　施小娟,吉洪湖.涡扇发动机轴对称引射收敛喷管红外辐射特征[J].航空动力学报,2015,30(4):784 – 792.

[4]　于明飞,吉洪湖,李娜,等.一种二元 S 弯喷管的红外辐射特性数值研究[J].工程热物理学报,2010,31(9):1567 – 1570.

[5]　谭慧俊,郭荣伟.一种背负式无附面层隔道进气道的数值模拟研究与试验验证[J].航空学报,2004,25(6):540 – 545.

[6]　谢文忠,郭荣伟.腹下无隔道大偏距跨声速 S 弯进气道气动特性的试验研究[J].中国航空学报(英文版),2008,21(3):207 – 214.

[7]　夏杨,李博,王海朋.一种两侧布局的无隔道亚声速进气道流场特性[J].航空动力学报,2013,28(2):348 – 355.

[8]　宋国磊.飞翼布局无人机双 S 弯进气道设计及流动控制技术应用研究[D].南京:南京航空航天大学,2016.

[9]　郑晓刚,李中龙,李怡庆,等.曲锥前体/内转进气道一体化设计与试验研究[J].试验流体力学,2019,33(5):29 – 36,49.

[10]　马涛.宽域内收缩进气道一体化设计的关键技术研究[D].南京:南京航空航天大学,2019.

[11]　李蔚霆,袁化成,郭荣伟.一种曲面压缩的定几何宽速域进气道设计研究[J].机械制造与自动化,2019,48(3):64 – 68,98.

[12]　李茜,桂丰.国外 TBCC 发动机进气道设计和试验研究综述[J].燃气涡轮试验与研究,2019,32(3):58 – 62.

[13]　朱伟,张堃元,南向军.壁面马赫数分布规律可控的新型内收缩基准流场设计方法[J].推进技术,2013,34(4):433 – 438.

[14]　尤延铖,梁德旺.内乘波式进气道内收缩基本流场研究[C].太原:中国航空学会推进系统气体热力学专业学术交流会,2005.

[15]　尤延铖,梁德旺,黄国平.一种新型内乘波式进气道初步研究[J].推进技术,2006(3):252 – 256.

[16]　郭军亮,黄国平,尤延铖,等.改善内乘波式进气道出口均匀性的内收缩基本流场研究[J].宇航学报,2009,30(5):1934 – 1940,1952.

[17]　尤延铖,梁德旺.内乘波式进气道内收缩基本流场研究[J].空气动力学学报,2008(2):203 – 207.

[18] 丁峰,柳军,沈赤兵,等.乘波概念应用于吸气式高超声速飞行器机体/进气道一体化设计方法研究综述[J].试验流体力学,2018,32(6):16-26.

[19] 郑晓刚,李怡庆,欧阳智贤,等.基于密切原理的 Bump 进气道外压缩鼓包逆向设计[J].航空动力学报,2018,33(9):2257-2267.

[20] 王娇,谭慧俊,黄河峡.Bump 进气道中鼓包诱导的激波/边界层干扰特性[J].航空动力学报,2018,33(1):97-107.

[21] 杨应凯.Bump 进气道设计与试验研究[J].空气动力学学报,2007(3):336-338,350.

[22] 叶蕾,晗旭.HyCause 项目促进 FALCON 飞行器进气道的研究[J].飞航导弹,2008(1):4-5.

[23] 梁捷,秦开宇,陈力.类 X-43A 高超声速飞行器机体/推进一体化气动设计分析和地面试验问题评述[J].载人航天,2021,27(4):412-421.

[24] 贺旭照,倪鸿礼.密切内锥乘波体设计方法和性能分析[J].力学学报,2011,43(5):803-808.

[25] 乔文友,余安远,杨大伟,等.基于前体激波的内转式进气道一体化设计[J].航空学报,2018,39(10):65-76.

[26] 乔文友,余安远.内转式进气道与飞行器前体的一体化设计综述[J].试验流体力学,2019,33(3):43-59.

[27] 乔文友,余安远,覃显益,等.捕获截面形状可控的内转式进气道一体化设计方法研究[C].大连:中国航天第三专业信息网第三十八届技术交流会暨第二届空天动力联合会议,2017.

[28] 乔文友,黄国平,夏晨,等.发展用于高速飞行器前体/进气道匹配设计的逆特征线法[J].航空动力学报,2014,29(6):1444-1452.

[29] 李怡庆,周驯黄,朱呈祥,等.曲锥前体/三维内转进气道一体化设计与分析[J].航空动力学报,2018,1(33):96-105.

[30] 战培国.2020 版 AIAA 风洞天平校准标准浅析[J].标准科学,2020(8):99-102.

[31] 刘永泉.国外航空发动机试验设备概览[M].北京:航空工业出版社,2017.

[32] AIAA. Nozzle Test facility at the Boeing Company's aero/noise/propulsion laboratory[C]. AIAA, 1997.

[33] AIAA. Fluidic thrust vectoring and throat control exhaust nozzle[C]. AIAA, 2002.

[34] AIAA. Design and performance analysis of vented vectoring exhaust nozzle for JSF LiftFan CDA configuration[C]. AIAA, 2002.

第 2 章

基础理论

2.1 进排气设计理论

进气系统处于航空动力系统的最上游,不但要为发动机提供相匹配的空气流量,还要保证气流的品级,以满足发动机与进气道流场的匹配要求,特别是要满足压气机和燃烧室对进口流场均匀性的要求,因此,进气道对航空动力系统的性能有着极为重要的影响,且随着飞行速度的提高而愈发显著。排气喷管处于航空动力系统的最下游,其功能一方面是把燃气的可用热能转变为高速喷射气流的动能以产生反作用推力;另一方面是通过控制其面积的变化来改变发动机的工况,发动机净推力和燃油消耗率受排气喷管性能的影响较其他任何部件都大。因此,研制高性能的航空动力系统,必须掌握先进的进排气系统设计技术。

2.1.1 亚声速进排气设计理论

1. 亚声速进气道设计理论

进气道的设计不仅要受到设计状态的特点影响,还要受到总体布局安排的限制和发动机的影响,一般假设进气道的设计状态(飞行马赫数 Ma_0、飞行高度及飞行攻角)、总体布局对进气道的几何尺寸限制(进气道的总长度 L 和进、出口轴心线的偏距 H)、设计状态下发动机所需的流量 G_{np} 及发动机进口截面的形状和尺寸等参数均已知。

亚声速进气道可分为皮托式和 S 型两大类。无论哪种进气道,都要关注进气口前流动组织、喉道面积的确定、内通道设计、唇口及外罩(如果有外罩)的形状、其他进气辅助机构(如引气门、扰流器)等。

1) 进气口前流动组织——预入流管

为了提高进气道内的总压恢复系数,减少与进气道的壁面摩擦以及管壁约束带来的气流阻滞问题,通常将进气道增压过程的一部分设计成在管外进行且希望管外压缩份额更大。管外预压缩程度的选择,决定了进口面积和进入进气道前自由流管(预入流管)的形状,同时也决定了进气道唇口附近及外罩的绕流情况,对进气道的工作和性能都有很大的影响。

对于亚声速进气道,进口前大致有4种流动模式,对应4个不同的预入流管形状,如图2.1所示。图2.1(a)为静止或起飞状态,来流由静止逐渐加速而进入进气道,进口前的流管是收缩形的,流量系数 $\varphi = A_\infty/A_c > 1.0$,这里 A_∞ 是自由流管面积,A_c 是进气道捕获面积;图2.1(b)为爬升状态,$\varphi = 1.0$;图2.1(c)为平飞状态或最大飞行速度状态,$\varphi < 1.0$;图2.1(d)为俯冲状态,$\varphi \ll 1.0$,此时进口前流管扩张得很厉害,逆压梯度很大。

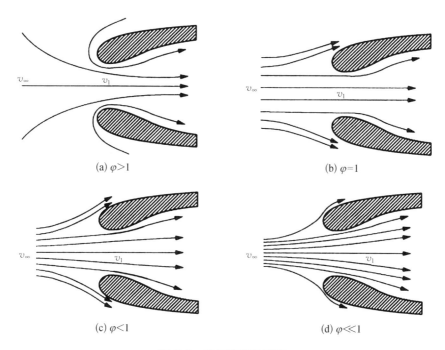

(a) $\varphi > 1$ (b) $\varphi = 1$

(c) $\varphi < 1$ (d) $\varphi \ll 1$

图 2.1 进气流管的形状

进气道进口面积的大小直接影响进气道的内外流性能,所以进口面积的大小选择,需要综合考虑内外流性能。若取巡航马赫数 Ma_∞ 为设计马赫数,按 $v_\infty/v_1 = 2$ 的折中来确定进口面积 A_1,如图2.2所示,可得

$$A_1 = \frac{G_{np} \cdot \sigma_{BX}}{241.225q(Ma_\infty)\varphi} \quad (2.1)$$

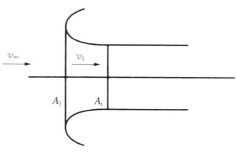

图 2.2 进口示意图

式中, G_{np} 为发动机所需折合流量; σ_{BX} 为进气道总压恢复系数; $q(Ma_\infty)$ 为气动函数, φ 为进气道流量系数。

2) 喉道面积的确定

确定喉道面积时,要保证在各种工作状况下,喉道截面处均不发生气流堵塞现象,通常选择喉道马赫数 $Ma_t \leqslant 0.75$,这是因为进气道总压恢复系数对 Ma_t 较敏感,且在 $Ma_t > 0.75$ 时,总压恢复系数 σ_{BX} 可能会出现突降。因此,在进行具体的设计计算时,应注意使喉道截面不致过小。特别是弹用进气道,常常不存在地面起飞状态,而是由发射状态飞行速度直接加速到设计状态,从而没有必要去考虑起飞和低速状态的唇口损失问题,唇口可以设计得薄一些,唇口收缩 A_1/A_t 可以很小,这样一来,一方面可使 Ma_t 较低;另一方面,喉道后扩压器的进出口面积比较大,可减小扩压器的扩压角或长度。以上两方面都对提高进气道总压恢复系数有利。

对亚声速进气道的内唇口,多采用超椭圆曲线的唇形,即

$$\left(\frac{x}{a}\right)^n + \left(\frac{y}{b}\right)^n = 1 \tag{2.2}$$

由于唇口几何形状决定了进气道的进口流动条件,特别是地面起飞与低马赫数状态,唇口内气流是否发生分离对进气道性能影响甚大。所以,进气道唇口几何参数是亚声速进气道设计的重要组成部分。其主要设计几何参数为收缩比 CR(进口面积与喉道面积之比)、超椭圆长短轴比 a/b 以及指数 n。其中收缩比 CR 的影响最大;而 n 值一般可取 2,如取值 >2 则唇口头部更钝,如果取值 <2 则更尖。

3) 内通道设计

内通道设计的重要原则是要避免在通道中出现流动分离。根据经验总结,亚声速内通道一般可分为喉道后的转接段(内通道起始段)、中间段、结尾段(等直段),其中以中间段最为复杂,情形也多样。基本的设计原则如下。

(1) 从喉道开始到等直段开始,沿通道的局部当量扩张角不宜超过 5°~10°。

(2) 起始段长度常取进口当量直径的 0.5~2 倍,当量扩张半角不超过 5°~10°,这是因为起始段是刚开始扩张的地方,如果扩张过度,则容易形成更厚的边界层,容易导致后面的边界层分离难以控制。这一点对超声速进气道的内通道起始段也一样。

(3) 中间段是主要的扩压段,为了避免局部分离,扩压段的局部扩张角不宜过大。扩压度按马赫数梯度或压力梯度设计比按面积梯度设计更合适。内通道中若有转弯段,则其曲率半径不应太小,否则会引起分离。需要尽可能减少内通道内的转弯段数,否则容易形成复杂的旋流和更大的畸变。

(4) 非常复杂的中间段(如蛇形进气道),可以通过在中间预设几个(通常 1~2 个)截面,人为控制进气道的中心线和/或面积变化规律。

（5）结尾段为进气道与发动机的转接段。在发动机进口截面前 1~3 倍发动机进口直径的距离内，最好安排有等截面段或收缩段，使气流均匀掺混，以减少畸变和湍流度。

4）外罩的气动设计

借鉴机翼理论中的临界概念，可把外罩分为亚临界外罩和超临界外罩。我们可以用理论计算方法（如鳞片法或面元法）来设计最佳进气道外形，但是比较复杂和麻烦。D. Kuchewann 及 J. Weber 对各种形状的圆形进气道进行了计算和试验后指出，外表面压力分布适宜的进气道都近似几何相似。利用这个结论，且在前缘点相接的椭圆形型面性能良好，接近最佳外形进气道，我们可将椭圆形型面或其他相近的几何曲线应用于不同进气道设计。这种方法虽然是近似的、经验的，但其几何关系简单，便于分析各种参数的影响和进行工程设计。

2. 亚声速尾喷管设计理论

喷管的设计与研究是一个理论计算与试验研究的体系，其主要内容包括收敛喷管形式及调节规律的选择、收敛喷管几何参数的设计及选择。

1）收敛喷管形式及调节规律的选择

收敛喷管可分为固定式收敛喷管和可调节式收敛喷管。收敛喷管形式的选择要根据飞机发动机的用途来确定。固定式收敛喷管多在早期不带加力燃烧室的涡喷发动机上采用，在带加力的涡喷发动机上较少采用。目前，固定式收敛喷管广泛应用于高涵道比分开排气的涡扇发动机和低涵道比涡扇发动机上，适用于亚声速运输机和民航飞机。可调节式收敛喷管多用于带加力的军用发动机上。

对于可调节式收敛喷管，其出口面积的调节规律是由发动机的调节规律决定的。早期的发动机，其调节规律大都是等转速和喷管出口面积为常数的调节规律。如果发动机带有加力燃烧室，由不加力状态到加力状态，要求喷管出口截面积增大 60%~150%，以满足发动机热力循环的要求。

对于等转速和喷管出口面积为常数调节规律的发动机，在马赫数增加时，其涡轮前的温度是单调上升的。由于涡轮前最高温度的限制，在这种调节规律的发动机上，采用多个加力状态的调节方案，以便在各个飞行状态上都尽可能地满足飞机对发动机推力的需要。因此，这种发动机就有了中间状态、小加力、一次加力和二次加力状态，各状态上的喷管出口面积随加力比的变化而变化。相对而言，这种调节方案是易于实现的。

为了充分发挥发动机的潜力，发动机采用等转速和涡轮膨胀比为常数的调节规律。当然，发动机的调节规律还有多种形式，喷管出口面积的变化均应按调节规律的形式做相应的改变。

2）收敛喷管几何参数的设计及选择

喷管几何参数的设计目标是使所设计的喷管在实际应用范围内均有尽可能

高的推力系数。收敛喷管的几何参数设计主要是选择和确定喷管的收敛半角 α 和调节片的长度,如图 2.3 所示。收敛半角的大小影响流量系数和临界膨胀比的大小。对许多发动机真实喷管的研究表明,收敛喷管临界膨胀比可由式(2.3)估算:

$$\pi_{\mathrm{NZ,\ cr}} = 1.892\ 45 + 0.036\ 13\alpha \tag{2.3}$$

为了降低喷管临界膨胀比,在喷管出口截面区域应采用一定的曲率型面使壁面转平,曲率半径应大于出口半径。

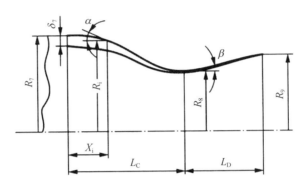

图 2.3　收敛喷管示意图

由于流量系数是确定喷管出口面积的参数,因此在选择收敛半角时,既要注意它对流量系数的影响,也要注意它对推力系数的影响。在通常情况下,根据已知的喷管出口面积选择收敛半角时,总是趋向于选择更小的收敛半角,但这会导致调节片长度的增加,使摩擦损失增加,而且还会导致喷管重量增加。统计资料表明,收敛喷管从最大工作状态到全加力工作状态,喷管收敛半角的变化范围为 2°~45°,收敛调节片的长度直径比为 0.34~0.39。

为了防止喷管和加力燃烧室圆筒部分转接处的气流分离,转角按半径 R 等于 0.5 倍加力圆筒半径的倒圆,如果加力燃烧室隔热屏延伸到通道转角处,则倒圆半角可减少一半左右。

2.1.2　超声速进排气设计理论

1. 超声速进气道设计理论

超声速进气道所配的动力系统一般都需要亚声速入口气流,因此对于超声速进气道来说,主要的问题是如何将迎面超声速流滞止为亚声流,将气流的动能有效地转变为压力能,并使进气道出口气流的马赫数及均匀度符合发动机的要求,同时注意使进气道阻力尽可能减少。

超声速进气道可分为内压式、外压式、混压式多种形式,它们的基本思路都是合理地组织激波系,用适当的斜激波系来代替强正激波滞止超声速气流以获得较高的进气道总压恢复系数 σ_{BX}。

因此,超声速进气道的设计过程一般为:先基于某种方法设计出基准流场,然后结合流线追踪/截面渐变等技术得到进气道无黏型面,再对无黏型面进行黏性修正以获得进气道最终构型。

1）内压式进气道

由气体动力学可知,超声速气流通过一组斜激波及一道弱正激波滞止为亚声速,其总压损失比通过一道强正激波滞止超声速气流要小。斜激波数目越多,超声速气流滞止为亚声速的总压损失就越小。如图 2.4 所示,内压式进气道的内型面设计成使超声速气流在收缩段内由 Ma_0 经过一系列马赫波(无限弱斜激波)等熵地滞止为声速。它的截面积先收缩后扩张,外表面是平直的。喉道前为超声速,喉道处为声速,喉道后为亚声速,然后在扩张段内进一步扩压减速。

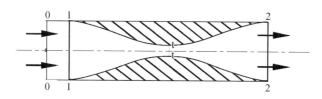

图 2.4　内压式进气道

t 为 throat 的缩写,在图中表示进气道喉道位置

由于气流的滞止是通过一系列马赫波实现的,气流参数是连续变化的,过程是等熵的,因此没有总压损失。速度下降时,静压及温度相应地上升,而总温是不变的。这种情况称为内压式进气道的理想情况。

按理想情况工作的内压式进气道,它的喉道面积和进口面积的比值由飞行马赫数 Ma_0 决定。Ma_0 越大,A_1/A_t 越小;Ma_0 越小,A_1/A_t 越大。从物理意义上说,飞行马赫数越高,需要的通道收敛度越大,即 $\bar{A}_t = A_t/A_1$ 应越小,才能将 Ma_0 较大的气流滞止为声速。反之,Ma_0 越小,则 $\bar{A}_t = A_t/A_1$ 应大一些。

2）外压式进气道

与内压式进气道不同,这种进气道是在进气道外、通过激波将气流从超声速滞止为亚声速,故称为外压式进气道。流入外压式进气道的气流是亚声速流,气流在进气道内继续扩压。

外压式进气道是获得广泛应用的进气道。从气动力角度看,常见的有两种外压式进气道,如图 2.5 所示。一种是扩压式进气道,或称皮托式进气道。它与亚声速进气道形状相似,在进口前形成脱体正激波,正激波后是亚声流,流入进气道。由于气流经过正激波的总压损失大,故一般只适合在 $Ma_0<1.6$ 的跨声速或低超声

速范围内使用,如米格-19、F-16 等飞机进气道就是这一类。另一种是外斜激波系进气道,如图 2.5(b)所示,进气道由罩壳及二维楔形板组成。超声速进气流进入进气道前,先通过二维楔形板产生的两道斜激波滞止和偏转,然后再通过在进口外的一道弱正激波,将超声流转变为亚声流进入进气道内,在扩散形通道内继续滞止扩压,再流向发动机。

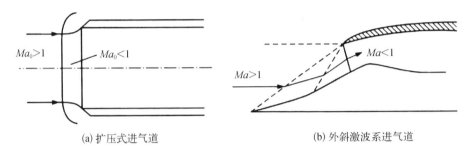

(a) 扩压式进气道　　　　　　　　(b) 外斜激波系进气道

图 2.5　外压式进气道

超声速气流通过斜激波系及一道弱正激波滞止为亚声流比通过一道正激波滞止为亚声流的总压损失要小,因而外斜激波系式进气道的性能比皮托式进气道要好得多,尤其是高马赫数时性能改善更多。

3) 混压式进气道

混压式进气道是外压式进气道和内压式进气道的组合,混压式进气道是通过进气道外的斜激波系和进气道内的斜激波系(包括反射斜激波及结尾正激波)使超声气流滞止扩压。进气道进口处的超声速气流进入进气道,通过进气道内的斜激波滞止减速,于最小截面下游扩张段内,通过结尾正激波转为亚声流。

为实现上述功能,混压式进气道的外罩唇口内表面的内唇角设计得小于斜激波系后的气流角,由于流向唇缘的超声速气流方向与唇口内表面不一致,在进口处形成斜激波及其反射波。超声流进入进气道进口以后,通过内通道中一系列反射激波滞止,进气道内有最小截面,如图 2.6 所示。

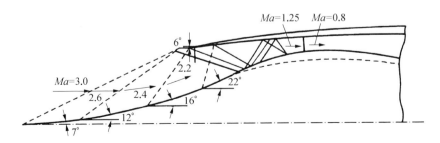

图 2.6　斜激波及反射激波示意图

　　混压式进气道的气流滞止部分在进口前完成,部分在进口内完成,因而进气道进口前的气流转折小,进气道的迎风面积小、外阻小,这对于高速飞机来说是很重要的。而且超声速气流通过内斜激波系和一道弱结尾正激波滞止比通过一道进口处的强正激波滞止总压损失要小,σ_{BX} 高。但是由于存在部分内压缩,因此也存在回路迟滞和起动问题。因为进气道进口处的气流是经过外压缩斜激波系滞止以后的气流,所以该处的马赫数较小,相当于内压式进气道进口马赫数的设计值比较小。内压式进气道在设计马赫数较小时,起动问题比较容易解决,非设计状态性能恶化的矛盾也不突出,因而混合式进气道起动问题不严重,回路迟滞的影响也不大。

　　设计混压式进气道时,首先应该根据飞行马赫数及飞机战术技术要求综合考虑,合理地选择内压缩和外压缩的比例。对于内压缩部分,尤其要注意避免进气道前有脱体激波的亚临界状态(即“未起动”状态),应保证有一定的稳定裕度,即保证进气道有一定的超临界程度,使结尾激波位于内喉道下游一定距离。

　　2. 超声速尾喷管设计理论

　　收敛-扩张喷管(简称收-扩喷管)是超声速喷管的一种,其流道面积先缩小后扩大。如图 2.7 所示,其主要由三部分组成:亚声速收缩段、喉部、超声速扩张段。当喷管出口膨胀比较高(如膨胀比大于 5)时,采用收-扩喷管能使气流尽可能达到完全膨胀,从而获得较高的推力特性。

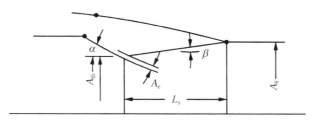

图 2.7　收敛-扩展喷管示意图及几何参数

A_{th}. 主喷管喉道截面;A_e. 副喷管出口截面;α. 主喷管收敛角;
β. 副喷管扩张角;L_s. 副喷管轴向长度;A_g. 主喷管出口截面

　　收-扩喷管按调节方式可分为固定式和可调式,按流道横截面形状可分为轴对称型和非轴对称型。固定式收-扩喷管因其喉道和出口面积均不能随发动机工况的变化而变化,不能适应航空发动机工作状态变化的需求,一般不被航空发动机所采用,而多用于火箭发动机和地面试验装置。目前超声速军用飞机几乎都带有加力燃烧室,其从不加力到全加力工况时要求喷管排气面积增大 60% ~ 150%,因此多采用可调式轴对称收-扩喷管。当超声速飞机的飞行马赫数 $Ma_0 > 2.7$ 时,其发动机常用的收-扩喷管一般具有很长的曲线型扩张段;而跨声速飞行的飞机上多采用带简单圆锥形扩张段的收-扩喷管。虽然后一种收-扩喷管在高马赫数飞行时,会因为扩张角较大造成推力系数的降低,但是其型面设计、加工及调节都相对简单。因此,在当代大涵道比加力涡扇发动机上,大多都采用带简单锥形扩张段的收-扩喷管。

1) 可调喷管形式及调节规律的选择

在带加力的发动机上,可调收-扩喷管喉道面积是由发动机的调节规律确定的。喉道面积是控制发动机推力和耗油特性的主要手段。如果发动机接通加力,喷管喉道面积需要有较大的变化,以补偿加力总温的变化。为了得到尽可能大的推力系数和较低的耗油率,要求同时调节收-扩喷管的出口面积。喷管出口面积的确定取决于发动机的热力循环,并考虑飞机与喷管外形的一体化设计原则。

2) 喷管几何参数及型面的选择

收-扩喷管几何参数的确定要综合考虑喷管内、外流道几何参数对喷管推力系数和有效推力系数的影响。目前军用飞机发动机的工作范围都很宽广,在超声速飞行状态下,喷管可用膨胀比远远大于临界膨胀比,因此要求喷管出口面积的调节范围尽可能大。应该注意的是,在确定具体喷管调节方案时,为了保持起飞状态下喷管工作的稳定性,应保证出口面积与喉道面积比≤1.05。同时,为了获得尽可能优化的喷管内推力特性且考虑喷管结构实现的可能性,出口面积比的变化应以3.0~3.8为宜。

收敛半角 α 和喉道型面半径比一起直接影响收-扩喷管的流量参数。在一定的喉道面积下,收敛半角 α 的增加会使收敛调节片长度和重量减少,但是收敛半角增加会导致流量系数变小,使实际喷管喉道面积增加以及出口面积增加,从而使喷管总重趋于增加。喷管扩张半角 β 的变化直接影响喷管的速度修正系数,从而影响推力系数。对于一定的喷管出口面积比来说,扩张半角 β 的增加会使速度修正系数增加,从而使角度系数变小、喷管长度和重量减少。

因此从综合考虑喷管重量和性能的角度来看,收敛半角 α 和扩张半角 β 的优化选择本身就是一个复杂的设计问题。统计资料表明,收敛半角 α 的变化应控制在 $5° \sim 45°$,扩张半角 β 的变化应在 $1° \sim 16°$,当 β 从 $12°$ 增加到 $20°$ 时,推力损失从 1% 增加到 2% 左右;喉道型面半径比>0.8 为宜。

3) 喷管的型面设计

喷管内侧型面对其工作效能的影响很大,所以在设计喷管时要求其型面不仅能满足重量轻、结构简单、造价低的条件,还要能获得尽可能大的推力。目前使用的有几种不同形状的收-扩喷管,其中最简单的是圆锥形收-扩喷管,较复杂的是气动型面喷管。下面就这两种形式的喷管型面的设计做简单陈述。

(1) 圆锥形收-扩喷管。

设计圆锥形收-扩喷管的最简单方式是:根据可用膨胀比所要求的喷管面积比,用圆锥段平滑地与弧形喉道型线衔接。喷管进口段的收敛半角一般取 $15° \sim$

30°,出口段的扩张角取 5°~15°,喉道处壁面的曲率半角不小于喉道直径。这样构建的锥形喷管的出口气流的动力损失不会大于气动型面喷管的 2%,试验结果表明,事实上扩张角甚至大到 45°也不会发生严重的气流分离。锥形喷管比较短,设计、加工容易,虽然由于气流不是轴向排出而造成一定的推力损失,但是仍能满足某些发动机的基本要求。目前,锥形喷管在火箭发动机上应用较多。

（2）气动型面喷管。

从理论上讲,在同样喷管可用膨胀比及出口马赫数下,能平行匀直排气的气动型面喷管比圆锥喷管的工作更有效。

这种喷管的型面可用特征线法逐点设计。对轴对称等熵流动,特征线方程如下：

$$\left(\frac{\mathrm{d}r}{\mathrm{d}x}\right)_{\pm} = \tan(\theta \mp \mu) \tag{2.4}$$

式中,r 为喷管在 x 位置的截面半径;θ 为当地气流方向;μ 为当地气流的马赫角。无旋的相容性方程为

$$\frac{1}{v}\left(\frac{\mathrm{d}v}{\mathrm{d}\theta}\right)_{\pm} = \mp \tan\mu + \frac{\sin\mu \cdot \tan\mu \cdot \sin\theta}{\sin(\theta \mp \mu)} \cdot \frac{1}{r} \cdot \left(\frac{\mathrm{d}x}{\mathrm{d}\theta}\right)_{\pm} \tag{2.5}$$

式中,v 为当地气流速度。利用式（2.4）和式（2.5）,从指定的声速线及喉道壁面开始,可顺着特征线网格一侧一直进行下去,从而确定喷管超声速扩展段型面的特征流线,使出口气流不仅达到设计马赫数,且为匀宜射流。图 2.8 为特征线网格示意图。

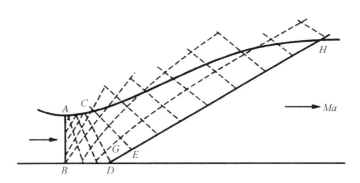

图 2.8　特殊型面的收-扩喷管

文献[1]中给出了用特征线法构建喷管型面的具体设计方法,这样得到的型面还需要做附面层修正才能使用。如果直接使用黏性流和非等熵特征线方程,原则上做法也是一样的。不过,在靠近壁面时要将特征线数值计算结果与附面层速度函数衔接起来一起迭代,同时还应考虑两个方向的压强梯度,这时的计算程序比较复杂。考虑到特征线法计算量大,故工程上常用近似解析法计算喷管的型面曲线（图

2.9),基于上述假设建立的等熵轴对称流的喷管扩张段型面曲线解析式为

$$x/R_e = R[\cos\theta + L\cos(\mu + \theta)] \tag{2.6}$$

$$y/R_e = R[\sin\theta + L\cos(\mu + \theta)] \tag{2.7}$$

上述解析式假设喷管内气流先以理想的泉流流动达到最大膨胀角位置 A,其中 R_e 为壁面最大膨胀角位置 A 对应的泉流向径,随后气流通过喷管壁面型线 AC 形成的消波膨胀段加速到出口马赫数。BC 为喷管出口最后一道左行特征线,BP 为喷管壁面反射的最后一道膨胀波在靠近 B 点局部截取的一段,BP 下游区域为简单波区组成的消波段,不再发生膨胀波反射。每个 P 点都可以对应一个泉流向径 R,并对应一条膨胀波 PP',其中 P' 为喷管壁面上的点,其坐标为 x,L 为 PP' 的长度,θ 为 P' 点的延壁面流动气流方向,μ 为膨胀波 PP' 的角度。

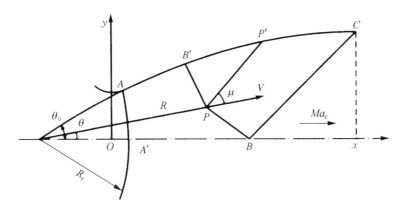

图 2.9 收-扩喷管的型面设计

用特征线法得到的喷管型面比较长,且加工困难,实际上在发动机上几乎不怎么使用,而在风洞上使用较多。

对于设计给定喷管长度和流量的喷管,可用一种能产生最大推力的喷管设计方法,并通过一种纯粹用几何办法画出最佳推力喷管型面的近似方法。该方法确定型面曲线的步骤如下:

a) 由给定的 R_{th} 和 R_E,利用图 2.10 来确定 θ_P 和 θ_E;

b) 画出喉道处的弧线,确定 P 点,使该点的斜度为 θ_P;

c) 分别从 P 点和 E 点以当地斜率做切线,交于 O 点;

d) 把 PQ 和 EQ 等分几段,如图 2.10 所示;

e) 连接 AD、BF、CG 等,做包络线便得到所要求的型面曲线。

一般情况下,产生平行出口匀直流动的喷管很长,喷管下游很大一段型面接近圆筒形,这样长的壁面上不能忽略附面层的增长,因而就必须根据附面层位移厚度

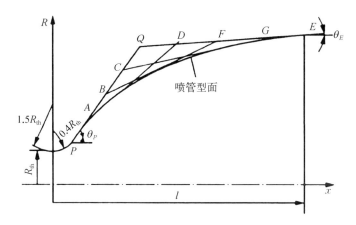

图 2.10　θ_P 和 θ_E 与喷管相对长度的关系

δ^*,把型面曲线向外扩张一个 δ^*,以得到实际喷管的型面。工程上做初步修正时,可取 $\delta^* = x\tan\theta$,其中 x 为喷管长度,θ 为关于出口马赫数的函数,θ 一般取 0.5°。一般喷管出口的有效直径比几何直径小 18%~33%。

2.2　进排气气动试验理论

进排气气动试验的影响参数很多,但对于特定的研究对象在特定的速度范围内,影响试验结果的一般只有少数几个主要参数。这些主要参数有些只需达到一定程度的近似,然后通过必要的修正,便可以得到可靠的数据。进排气气动试验设计的一个主要任务,就是以最经济的手段保证试验流场与飞行流场之间的相似性,使得结果可靠而精确。于是,相似理论构成了进排气气动试验的理论基础。

2.2.1　相似理论

相似理论,是说明自然界和工程中各相似现象相似原理的学说,是研究自然现象中个性与共性、特殊与一般的关系以及内部矛盾与外部条件之间的关系的理论。在结构模型试验研究中,只有模型和原型保持相似,才能由模型试验结果推算出原型结构的相应结果。

相似理论主要应用于指导模型试验,确定"模型"与"原型"的相似程度、等级等。随着计算机技术的不断进步,相似理论不但成为物理模型试验的理论而继续存在,而且进一步扩充其应用范围和领域,成为计算机"仿真"等领域的指导性理论之一。

1. 相似理论简介

相似理论从现象发生和发展的内部规律性(数理方程)和外部条件(定解条件)出发,以这些数理方程所固有的在量纲上的齐次性以及数理方程的正确性不受测量单位制选择的影响等为大前提,通过线性变换等数学演绎手段而得到了新结论。相似理论的特点是高度的抽象性与宽广的应用性相结合,相似理论的内容并不多,甚至不被当作一个单独的学科。相似理论是试验的理论,用以指导试验的根本布局问题,它为模拟试验提供指导,尺度的缩小或放大,参数的提高或降低,介质性能的改变等,目的在于以最低的成本和在最短的运转周期内摸清所研究模型的内部规律性。相似理论在现代科技中的最主要价值在于指导模型试验。尽管相似理论本身是一个比较严密的数理逻辑体系,但是,一旦进入实际的应用课题,在很多情况下,不可能是很精确的。

相似准则有三条,相似第一定理:凡彼此相似的现象,必定具有数值相同的相似准则。相似第二定理:凡具有同一特性的现象,为单值条件彼此相似,且由单值条件的物理量所组成的相似准则在数值上相等,则这些现象必定相似。相似第三定理:当一现象由 n 个物理量的函数关系式表示,且这些物理量中含有 m 种基本量纲时,则能得到 $n-m$ 个相似准则。描述该现象的函数关系式,可表示成 $n-m$ 个相似准则间的函数关系式。

2. 流体力学中的相似理论

研究流体力学问题主要有两条不同的途径:一是利用数学分析方法寻求流体运动规律,建立基本方程并设法求解这些方程;二是通过试验研究的方法寻求流体运动各物理量之间的规律性关系。而试验研究又可分为直接试验和模型试验研究。直接试验得出的结果只能适用于特定的试验条件,或者只能推广到完全相同于试验条件的问题中。显然,直接试验方法研究流体力学问题具有非常大的局限性。

现代的空气动力学试验,通常是在各式各样的风洞中进行模型试验,以取得原型流场的空气动力数据,来研究复杂流动。要实现这一过程需确保模型流动能表现出原型流动的主要现象和特性,并从模型流动上预测出原型流动的结果,就必须使两者在流动上相似,即两个流动的对应时刻对应点上同名物理量具有各自的比例关系。

采用相似理论进行试验具有以下优点:既可使试验设备简化,又可缩短设备建设和试验周期,节约试验成本;可以把影响进排气系统性能的大量单个因素,归纳为数个相似准则,试验过程中不再是寻找那些单个因素对进排气系统性能的影响,而是寻找相似准则与进排气系统性能的关系,从而在很大程度上减少了试验工作量;根据模化原理,可在试验的基础上,建立起进排气系统性能与相似准则的关系,或者进排气系统性能与相关参数群的半理论半经验关系式,即通用特性曲线,这种半理论半经验关系,对进排气系统试验、进排气系统设计都有重要指导意义。

1)基本方程组和边界条件的量纲一化

寻求相似条件最直接的方法是将基本方程组和边界条件量纲一化。为此,首先选定一组特征物理量,用这些量除方程和边界条件中相应的变量,并重新定义由此得到的量纲一变量,即可得到量纲一化的方程和边界条件。

常见的特征量包括特征长度 L_0（直径、弦长、厚度等）、特征时间 t_0（特征频率的导数）、特征速度 u_0（来流速度、旋转物体切向速度）、特征密度 ρ_0（来流或滞止状态的密度）、特征压强 p_0（来流压强或滞止压强等）、特征黏度 μ_0、导热系数 κ_0、重力加速度 g_0 等。

将上述特征量代入流动方程组中可计算得无量纲相似参数。

（1）St 数（Strouhal）：$St = L_0/(v_0 t_0)$，滞留时间与特征时间 t_0 之比，反映非定常程度。

（2）Fr 数（Froude）：$Fr = v_0/\sqrt{g_0 L_0}$，惯性力与重力之比。

（3）Eu 数（Euler）：$Eu = p_0/(\rho_0 v_0^2)$，惯性力与压差力之比。

（4）Re 数（Reynolds）：$Re = \rho_0 v_0 L_0/\mu_0$，惯性力与黏性力之比。

（5）Pe 数（Peclet）：$Pe = RePr$，对流热与传导热之比，其中 $Pr = c_p p_0 \mu_0/\kappa_0$（分子动量扩散与热扩散之比）。

（6）Nu 数（Nusselt）：$Nu = (L_0 q_w)/(\kappa_0 T_0)$ 或 $Nu = (L_0 q_w)/[\kappa_0(T_w - T_0)]$，固壁热流与流体内部传导热之比，其中 q_w 为固壁热流功率密度，T_w 为固壁温度。

2）相似律

每一个具体的流场都是由封闭的基本方程组和定解条件决定的。如果两个流场的几何边界相似，且有完全一样的量纲一基本方程组，还有完全一样的量纲一定解条件，则这两个流场量纲一的解是完全一样的，这两个流场是相似的。所以两个流场相似的必要充分条件是：量纲一基本方程组完全一样；量纲一定解条件完全一样。这里所谓的量纲一基本方程组和量纲一定解条件完全一样，是指这些方程和定解条件所包含的所有量纲一组合量一一对应相等。

在相同的介质（密度）中通常不可能做到多个相似准则同时相等，即不可能做到"完全相似"，主要是因为有些相似准则相互矛盾。实际上，各个准则的重要程度布置在任何条件下都是完全一样的，可以根据所研究的具体情况只保证某些起主要作用的相似准则。例如，不涉及表面张力时刻不考虑韦伯准则（表面张力相似准则）；不涉及壁面换热时可不考虑努塞尔准则（对流换热相似准则）。

3）量纲分析与 Π 定理

一方面，由数学公式表述的物理定律，把表征所研究现象的各有量纲量相互联系起来，这些有量纲量的具体数值依赖于所选用的度量单位制。另一方面，物理定律本身应不依赖于单位制的选择。这种情况说明，有量纲量之间的函数相关必然具有某种特有的结构，而量纲理论则提供了确定上述相关结构的方法。方法的基本根据是任何数学方程的各项必须含有相同额质量、长度和时间等量的量纲，而超越函数如 $\lg x$ 和 $\sin x$ 等的自变量则必须是量纲量一。从这些基本法则出发，白金汉提出了 Π 定理，建立了量纲分析的基本理论。Π 定理证明了，在一个包括 n 个变量的物理问题中,若含有 m 个基本量纲,则这些变量可组合成 $n-m$ 个独立的量纲一参数。若用 A_1, A_2, A_3, A_4, $\cdots$, A_n 表示这 n 个变量,如速度、压力、黏性系数等,则函数关系可表示为

$$F(A_1, A_2, A_3, \cdots, A_n) = 0 \tag{2.8}$$

若 π_1, π_2, $\cdots$, π_n 表示有变量 A_1, A_2, $\cdots$, A_n 组成的量纲一参数,若有 m 个基本量,则存在如下函数关系:

$$f(\pi_1, \pi_2, \pi_3, \cdots, \pi_m) = 0 \tag{2.9}$$

量纲分析在数学上异常简单,困难在于物理方面,使用者对过程物理本质有深刻的理解才能确定影响这一物理过程的主要参数。

从上述分析可以看出,量纲分析只能建立有量纲量之间的关系,而不能建立量纲-量之间的关系,尽管如此,量纲分析仍然不失为非常有力的工具,它不仅可以在不知道数学方程及其解的条件下导出量纲为一的相似参数,而且可以得出一些深刻反映流动物理机制的关系式。

3. 相似理论应用过程

在进行模型试验时,首先具体地分析所讨论对象的单值条件,找出系统最具决定意义的物理参量。然后,依据相似正定理建立它们的相似准则或无量纲数群。对于有多个准则的情况,还要进行简化、合并,力求找出具有决定意义的一两个准则,据此进行模型设计。通过模型试验,对试验数据按 Π 定理要求整理成准则式之间的函数关系。这样,这些函数关系就能推广到相似的系统中应用。归纳起来,应用相似理论进行试验的主要步骤如下:

(1)借助于相似变化法或量纲分析法以及相似准则的物理意义,结合具体试验,分析哪些是主要的,哪些是次要的;

(2)按照相似现象的必要充分条件安排试验;

(3)在试验中测量各相似准则或各相似准则中的物理量;

(4)试验数据,包括根据数据绘出的曲线等,都要运用相似准则进行整理;

(5)试验数据可换算到与试验情况相似的工作情况,且只能在相似现象之间换算,只能通过相似准则换算。

2.2.2　风洞试验

风洞试验是飞行器研制工作中的一个不可缺少的组成部分。风洞是以人工的方式产生并且控制气流,用来模拟飞行器或实体周围气体的流动情况,并可量度气流对实体的作用效果以及观察物理现象的一种管道状试验设备,它是进行空气动力试验最常用、最有效的工具之一。

　　为使试验结果准确,试验时的流动必须与实际流动状态相似,即必须满足相似律的要求。但由于风洞尺寸和动力的限制,在一个风洞中同时模拟所有的相似参数是很困难的,通常是按所要研究的课题,选择一些影响最大的相似参数进行模拟。

　　1. 风洞系统主要相似准则

　　风洞试验是在地面采用特定方法对飞行器高速飞行的模拟。在试验中,由于试验模型比真实飞行器小得多,风洞流场的流动环境与真实飞行的大气条件也有不少差异,要保持地面模拟试验与真实飞行之相似,必须遵循有关的相似理论。如果两个流场的对应点上在对应瞬时所有相应流动参数都保持各自固定的比例关系,则两个流场相似。在一般情况下,只有保持两者间有关物理量相似,才有可能确保两个流场相似,从而确保空气动力相似。一个在静止空气中运动的物体或者气流中保持静止的物体,其受到的空气动力取决于一系列有关气流与物体的参数,即物体的特征长度 L_0、物体的运动的特征速度 u_0、空气特征密度 ρ_0、物体表面粗糙度的特征尺寸(以算术平均偏差 Ra 表示)、运动的迎角 α、运动的偏航角 β、模型的体积弹性系数 K、运动部件的频率 f、运动部件转速(ω_x、ω_y、ω_z)、物体单位长度的质量 m_0、空气的特征压力 P_0、空气的特征黏度 μ_0,空气的导热系数 κ_0、特征时间 t_0。

　　以上影响空气动力的参数共 16 个,根据量纲理论,由于这 16 个参数的单位包括 4 个基本单位(质量单位、长度单位、压力单位、时间单位),则气动系数 CR[$CR = R/(0.5\rho_0 u_0^2 L_0^2)$,其中 R 为 CR 对应的具体物理量如升力或力矩]将取决于 12 个无量纲参数,这些无量纲参数成为相似准则。

　　但是,要在风洞的条件下完全满足这些要求是非常困难的。事实上,在一定的速度范围内,对于一定的研究对象,影响风洞试验的一般只有几个主要的相似准则。风洞运行过程中主要相似准则有:马赫数、雷诺数、湍流度、比热比、斯特劳哈尔数。

　　2. 风洞测量系统

　　风洞测量系统担负着风洞试验数据采集计算的任务,对采集数据的同步性、精准度起着至关重要的作用。数据的实时监测、远程查看的需求对风洞测量系统研制提出了很高的要求。作者以风洞运行安全可靠为前提,综合利用国内外的先进技术和成熟产品,成功研制风洞测量系统,并兼顾系统的先进性和经济性。

　　风洞测量系统就是通过传感器把压力、温度、力、力矩、角度、位移、速度等物理量,转化成电压或电流信号,然后通过数据采集系统逐个采样,再量化成数字信号送入计算机处理、计算,并显示、打印试验结果。测量系统由风洞测力数据采集系统、风洞测压数据采集系统、数据处理系统组成。

　　风洞测力数据采集系统主要完成天平信号和流场信号的采集和处理,由前置传感器、天平、放大器和数据采集系统组成。风洞试验过程中,该系统进行信号的实时采集、相关试验参数的实时显示、原始数据保存。

在超声速风洞中,来流扰动脉动频率高、流动环境复杂,对来流扰动测量技术有较高要求。目前,广泛应用于超声速风洞自由来流扰动测量的仪器主要是热线风速仪、皮托管探头以及聚焦激光差分干涉仪。其中,热线风速仪可以获取来流的总温和流量脉动,其动态响应频率可达百千赫兹以上;皮托管探头测量的是激波后总压脉动,虽然动态响应频率更高,但是其所测得的信号并非自由来流中的真实压力脉动;聚焦激光差分干涉仪采用的是非介入式测量方式,可以测量自由来流中的密度脉动。

在超声速流动中,测量激波位置形状常用的光学测量方法为纹影法,该方法利用了光在被测流场中的折射率梯度正比于流场的气流密度的原理,将流场中密度梯度的变化转变为记录平面上相对光强的变化,使可压缩流场中的激波、压缩波等密度变化剧烈的区域成为可观察、可分辨的图像,从而记录下来。

3. 试验方法

国内传统的进排气试验技术均为基于引射器的分离式进排气试验技术,即将引射器安装于天平的固定端,与模型不接触,引射器和模型进气道之间采用非接触方式进行密封(一般为迷宫密封),引射器工作时的直接作用力不计入天平测量载荷中。通过引射器对来流的引射作用模拟推进系统的进气效应,引射器的高速射流模拟推进系统的喷流效应。进排气系统使用缩比的电控机构实现进气道和喷管的多通道型面调节和发动机模态转换。试验系统原理如图 2.11 所示。飞行器整机的综合性能通过侧力天平测量,试验模型下端通过隔热法兰与天平连接,通过天平实现六分量测量,获得推力、升力、俯仰力矩、侧力、偏航力矩和滚转力矩。其中,进排气系统静推力测量过程为:基于风洞带动力一体化测力试验直接获得飞行器的整机净推力;通过流量计和上下游总压耙测量飞行器机体外阻;最后基于整机推力加机体外阻获得净推力的方法获得进排气系统的有效推力。

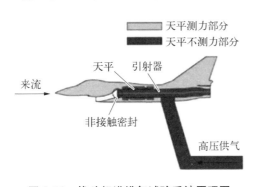

图 2.11 战斗机进排气试验系统原理图

为获得进排气对全机气动特性的影响,进排气风洞试验通常有三种基本试验状态,即堵锥模型无动力状态、堵锥模型喷流状态、通气模型进排气试验状态。

堵锥模型无动力状态用于研究带进气道堵锥的全机无动力气动特性。此时天平测量的载荷记为 F_{I}。堵锥模型喷流状态用于研究喷流状态的全机气动特性。此时天平测得的载荷记为 F_{II}。通气模型进排气试验状态用于研究进排气状态的全机气动特性。此时天平测得的载荷记为 F_{III}。通过以上三步试验，基于线化理论，可以得到喷流和进气影响，具体表述如下。

喷流对全机气动特性影响用 ΔF_{ex} 表示，即

$$\Delta F_{\mathrm{ex}} = F_{\mathrm{II}} - F_{\mathrm{I}} \tag{2.10}$$

进气对全机气动特性影响用 ΔF_{in} 表示，即

$$\Delta F_{\mathrm{in}} = F_{\mathrm{III}} - F_{\mathrm{II}} \tag{2.11}$$

试验数据一般做以下修正：① 支架干扰修正；② 风洞洞壁干扰修正；③ 模型底部阻力修正。

上述方法存在的问题是：在求取进气影响时，未对进气道内流影响进行修正，而是将其视作气动载荷的一部分，导致试验获得的进气影响量存在一定程度的失真。进气道内流需按下述方法测量计算。

在进气道出口安装内流测量设备，分别测量进气道出口总压、静压和总温。典型的进气道内流测量设备见图 2.12。

通过计算各测量点总压、静压和总温平均值，获得进气道出口截面的平均总压 $p_{\mathrm{t}2}$、静压 p_2 和总温 $T_{\mathrm{t}2}$。

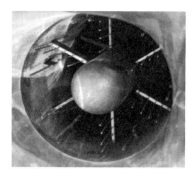

图 2.12　典型进气道内流测量设备

根据一维等熵流理论，进气道出口气流流量 $\dot{m}_2$ 可按式（2.12）计算：

$$\dot{m}_2 = A_2 \frac{p_{\mathrm{t}2}}{\sqrt{T_{\mathrm{t}2}}} \left(\frac{p_2}{p_{\mathrm{t}2}}\right)^{\frac{1}{\gamma}} \cdot \sqrt{\frac{2\gamma}{R(\gamma-1)}\left[1-\left(\frac{p_2}{p_{\mathrm{t}2}}\right)^{\frac{\gamma-1}{\gamma}}\right]} = C \cdot \frac{p_{\mathrm{t}2}A_2}{\sqrt{T_{\mathrm{t}2}}} \cdot q(\lambda) \tag{2.12}$$

式中，R、γ 和 C 均为常数。对于空气，取 $R = 287\ \mathrm{J/(kg \cdot K)}$，$\gamma = 1.4$，$C = 0.040\,42$，$q(\lambda)$ 则按式（2.13）计算：

$$q(\lambda) = 3.863\,925 \sqrt{\left(\frac{p_2}{p_{\mathrm{t}2}}\right)^{\frac{10}{7}} - \left(\frac{p_2}{p_{\mathrm{t}2}}\right)^{\frac{12}{7}}} \tag{2.13}$$

进气道出口平均速度 v_2 按式（2.14）计算：

$$v_2 = \sqrt{2RT_{\mathrm{t}2}\frac{\gamma}{\gamma-1}\left[1-\left(\frac{p_2}{p_{\mathrm{t}2}}\right)^{\frac{\gamma-1}{\gamma}}\right]} \tag{2.14}$$

如图 2.13 所示，由于迷宫密封存在空气泄漏，其几何面积并非真实的受力面

积,因此需要进行专门试验来测定有效受力面积,方法如下:

(1) 使用密封装置将模型内流道密封,并在进气道入口安装抽气(或加压)装置;

(2) 在迷宫密封进出口布置静压测量传感器,测量静压差$(p_{1so}-p_{1si})$,p_{1si}和p_{1so}分别是迷宫密封进口平均静压、出口平均静压;

(3) 使用抽气(或加压)装置抽气(或加压);

(4) 待压力稳定后,采集天平轴向力,通过轴向力变化计算迷宫密封有效受力面积A_{eff}。

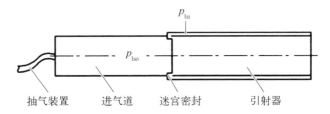

图 2.13 迷宫密封有效受力面积测量原理图

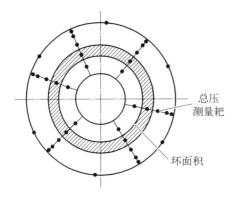

图 2.14 典型进气道出口测量点布置图

由于进气道出口总压分布不均匀,因此必须提高进气道出口总压测量和计算的准度,才能提高修正可靠性。

在总压测量点布置方面,在测量耙阻塞度不大于 8% 的前提下,应尽量多布置测量点。以圆形测量截面为例,一般要求总压测量耙数量不少于 6 个,每个测量耙上的测量点数不少于 5 个;测量点按等环面积分布,对靠近壁面流场较差区域的测量点进行加密,从而尽量减少测量误差,提高总压测量的准确度。典型进气道出口测量点布置见图 2.14。

计算测量截面平均总压有两种方法:算术平均法和加权平均法。

1) 算术平均法

$$p_{t2} = \frac{\sum\limits_{i=1}^{I_n}\sum\limits_{j=1}^{J_n} p_{t2ij}}{\sum\limits_{i=1}^{I_n} J_n} \qquad (2.15)$$

式中,p_{t2ij}为单个测量点的总压测量值;I_n为测量点总环数;J_n为每个环上的周向测量点数;$\sum\limits_{i=1}^{I_n} J_n$为截面上的测量点总数。

2）加权平均法

这种方法是将测量截面上的总压按流量求平均,也称流量平均法。把测量截面按面积等分为 I_n 个环,则通过第 i 环面积的流量为

$$\Delta \dot{m}_{2i} = C \frac{p_{t2i}\Delta A_{2i}q(\lambda_i)}{\sqrt{T_{t2}}} \tag{2.16}$$

式中,p_{t2i} 为第 i 环的气流平均总压;ΔA_{2i} 为第 i 环的面积;$q(\lambda_i)$ 为第 i 环的 $q(\lambda)$。

按加权平均法计算的进气道出口平均总压为

$$p_{t2} = \frac{\sum\limits_{i=1}^{I_n} (p_{t2i}\Delta \dot{m}_{2i})}{\sum\limits_{i=1}^{I_n} \Delta \dot{m}_{2i}} = \frac{\sum\limits_{i=1}^{I_n} \left[(p_{t2i})^2 q(\lambda_i) \right]}{\sum\limits_{i=1}^{I_n} \left[p_{t2i}q(\lambda_i) \right]} \tag{2.17}$$

以上两种方法中,采用加权平均法求得的平均总压更为精确。因此本书采用加权平均法计算进气道出口的平均总压,以此提高内流修正的准确度。

4. 数据修正方法

数据修正的方法主要有内流作用力修正法、压差修正法和气动力修正。

1）内流作用力修正法

内流作用力的修正方法基于动量定理推导。取进气道远前方气流未受扰动的截面作为控制体入口截面(定义为 0 截面),取进气道出口截面定义控制体出口截面(定义为 2 截面),0 截面和 2 截面之间的流管定义为控制体。此外,为分析方便,还定义进气道入口截面为 1 截面。计算控制体定义见图 2.15。

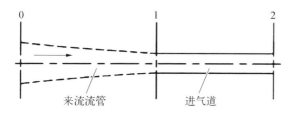

图 2.15 进气道内流控制体

进气道内阻定义为 0 截面至 2 截面气流总动量变化量沿气流方向的投影量。飞机迎角 α 和侧滑角 β 为零时,内阻为

$$D_{in} = \dot{m}_2(v_0 - v_2) - (p_2 - p_0)A_2 \tag{2.18}$$

式中,v_0 为进气道远前方来流速度;v_2 为进气道出口平均速度;p_0 为进气道远前方来流静压;p_2 为进气道出口平均静压;$\dot{m}_2$ 为进气道出口气流流量;A_2 为进气道出

口面积。

考虑飞机迎角 α、侧滑角 β 的影响,则内阻为

$$D_{\text{in}} = \dot{m}_2(v_0 - v_2\cos\alpha\cos\beta) - (p_2 - p_0)A_2\cos\alpha\cos\beta \tag{2.19}$$

升力为

$$D_{\text{in}} = \dot{m}_2 v_2\sin\alpha + (p_2 - p_0)A_2\sin\alpha \tag{2.20}$$

侧力为

$$Y_{\text{in}} = -\dot{m}_2 v_2\cos\alpha\sin\beta - (p_2 - p_0)A_2\cos\alpha\sin\beta \tag{2.21}$$

2) 压差修正方法

进气道压差阻力定义为引射器和模型进气道之间的迷宫密封压差作用力沿气流方向的投影量。进气道姿态角为零时,压差阻力为

$$D_p = (p_{\text{lso}} - p_{\text{lsi}})A_{\text{eff}} \tag{2.22}$$

式中,p_{lsi} 为迷宫密封进口平均静压;p_{lso} 为迷宫密封出口平均静压;A_{eff} 为迷宫密封有效受力面积。

考虑飞机迎角 α、侧滑角 β 的影响,则压差阻力为

$$D_p = (p_{\text{lso}} - p_{\text{lsi}})A_{\text{eff}}\cos\alpha\cos\beta \tag{2.23}$$

升力为

$$L_p = -(p_{\text{lso}} - p_{\text{lsi}})A_{\text{eff}}\sin\alpha \tag{2.24}$$

侧力为

$$L_p = -(p_{\text{lso}} - p_{\text{lsi}})A_{\text{eff}}\cos\alpha\sin\beta \tag{2.25}$$

3) 气动力修正

对于具体的风洞,一般可以满足 Ma 相似准则,但总温、总压在亚声速、跨声速和超声速风洞流场中并不能与飞行条件高度一致,导致速度(v)、静温(T)、静压(p)的偏差,进而导致雷诺数(Re)相似准则无法被保证。Re 受多参数的影响,特别是模型尺寸。受限于风洞尺寸和目前的基建能力,进排气系统试验往往使用缩比模型,导致 Re 比实际全尺寸飞行条件小一个数量级甚至更多。但是,当 Re 达到一定值以上时,气动系数基本不变,尽管试验 Re 比真实条件小,试验结果经过必要的修正依然可以推到真实飞行情况。以上可使气动系数不变的 Re 区间称为"自准区"。在自准区里,气动力表现为动压关于气动系数的函数,且实际来流下的气动力与风洞下的气动力成正比关系,比值为实际来流动压除以风洞来流动压。于是,风洞试验的气动力偏差得以修正。

Re 的物理意义是物体在静止空气中运动时所受惯性力与黏性力之比。进排

气系统试验中,进气道的附面层转捩、内外流流动分离与气动阻力、隔离段激波与附面层相互作用等,都受风洞 Re 的影响。为了把 Re 提高至自准区,下面将对 Re 的提高方法一一讨论。

（1）调高速度。

对于亚声速试验,由于模型比较小,单纯靠提高速度使 Re 达到自准区容易引起压缩性效应,导致流场特性发生较大偏差。对于超声速流试验,Ma 的影响比 Re 更大,来流速度不能随意调整。

（2）调高密度。

调高密度有两个途径。其一是提高总压;其二是采用比空气密度大的其他气体作为工作介质。亚声速连续式风洞试验通过提高压力可以降低流速,节省功率,但受限于模型支撑和强度,一般试验段压力不超过 5~6 个大气压。对于超声速风洞试验,由于暂冲工作模式可以方便调整高压储罐压力,因此该方案是超声速风洞提高 Re 的主要途径。

提高工质密度以增加 Re 的另一种途径是采用比空气密度大的气体,如氟利昂。这种气体的密度是空气的 4.18 倍,使 Re 可以提高 4 倍多。但这种气体较昂贵,出现压力风洞后,这种方案不再使用。

（3）降低黏性系数。

黏性系数是温度的函数,降低温度可使黏性系数减小。同时,压力不变情况下降低温度会使密度提高,使 Re 的提高变得更快。降低温度的同时,声速也降低了,速度降低和动压降低对模型强度设计是有利的。大多数亚声速、跨声速、超声速风洞都使用低熵风洞的方案。本试验除燃烧试验外,都可以在低熵风洞中进行。

2.3 进排气隐身理论

现代战争已经从传统的对战模式转变为电子高科技对抗,在此过程中战争防御系统搜索、跟踪目标的能力大大增强。任何武器装备都具有一定的目标特征(电磁特征、红外特征、声波特征、视频特征等),而这些特征都可能是其他武器的探测目标。隐身技术,又称低可探测技术,是指在一定探测环境中控制和降低武器装备的特征信号,降低被发现概率或缩短被探测距离的技术。

发动机隐身技术是飞机隐身技术的重要组成部分,主要包括雷达隐身、红外隐身、声隐身和视频隐身等。对于发动机各部件,雷达/红外隐身技术重点体现在进/排气系统的设计之中。

发动机隐身设计是一项多学科高度融合的复杂技术,涉及飞行器及发动机设计、空气动力学、流体力学、传热学、电磁学、红外物理、材料学、光学及噪声等多类学科。本书主要针对发动机红外隐身和雷达隐身设计中涉及的相关理论和概念进行介绍。

2.3.1 红外隐身理论

红外辐射在本质上是电磁辐射,其波长范围为 0.76~1 000 μm,介于可见光和无线电波之间。整个红外波段又可以细分为近红外(0.76~3 μm)、中红外(3~6 μm)、远红外(6~15 μm)、超远红外(15~1 000 μm)四个波段,如图 2.16 所示。对于超远红外波段大气实质上是不透明的,对于小于 15 μm 的三个红外辐射波段,大气也只是对某些波段是相对透明的,如图 2.17 所示。根据大气透过率分布以及红外探测器的主要频率响应,对于红外隐身技术的研究主要集中在 3~5 μm(中波)、8~14 μm(长波)波段。

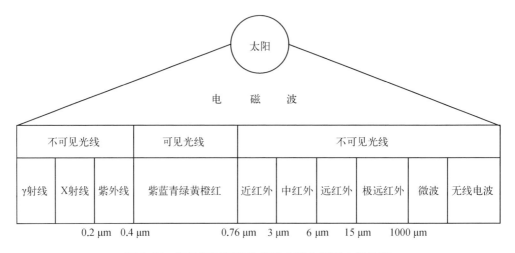

图 2.16 红外辐射频谱分类及在整个频谱中的位置

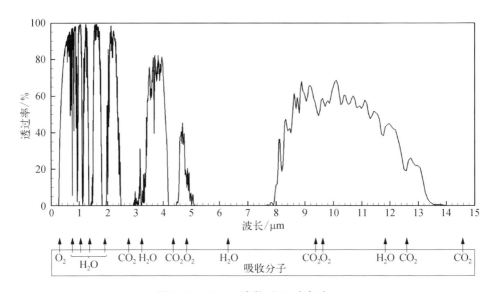

图 2.17 15 μm 波段以下,大气窗口

1. 红外辐射的基本物理量及基本定律[2]

红外辐射在研究过程中所应用的物理量较多,其符号、名称也不尽统一。本书针对红外物理和红外隐身技术研究中常用的物理量进行简单说明。点辐射源是指物理尺寸可以忽略不计,理想上将其抽象为一个点的辐射源,否则为扩展源。一般工程上,只要探测器与辐射源之间的距离超过辐射源最大尺寸的 10 倍,辐射源即可视为点辐射源。

1) 基本物理量

(1) 辐射功率。

辐射功率是发射、传输或接受辐射能的时间速率,符号为 P,单位为 W。

(2) 辐射强度。

辐射强度是描述点辐射源特性的物理量,是指辐射源在某一方向单位立体角内所发出的辐射功率,符号为 I,单位为 W/sr。

(3) 辐射出射度。

辐射出射度是描述扩展源辐射特性的物理量,是指辐射源单位表面积向半球空间内发射的辐射功率,符号为 M,单位为 W/m^2。

(4) 辐射亮度。

辐射亮度是描述扩展源辐射特性的物理量,是指某一方向单位投影面积向单位立体角中发射的辐射功率,符号为 L,单位为 W/(m^2·sr)。

(5) 辐射照度。

辐射照度是描述被照射表面辐射的物理量,是指被照表面上单位面积接收到的辐射功率,符号为 E,单位为 W/m^2。

2) 基本定律

红外辐射需要满足的基本定律包括以下几条。

(1) 普朗克定律。

物体红外辐射能量的大小与物体的温度有关,并随着波长的变化而变化,用普朗克定律描述黑体的光谱辐射出射度 M_λ 为

$$M_\lambda = \frac{c_1}{\lambda^2} \frac{1}{e^{c_2/\lambda T} - 1} \tag{2.26}$$

式中,λ 为辐射波长(μm);T 为绝对温度(K);c_1 和 c_2 分别是第一和第二辐射常数,$c_1 = (3.7415 \pm 0.0003) \times 10^8$ W·μm^4/m^2,$c_2 = (1.43879 \pm 0.00019) \times 10^4$ μm·K。

(2) 维恩位移定律。

维恩位移定律是描述黑体光谱辐射出射度 $M_{\lambda m}$ 所对应的峰值波长 λ_m 与黑体的绝对温度 T 的关系式,具体如下:

$$\lambda_m T = 2\,898.8 \pm 0.4 \ \mu m \cdot K \tag{2.27}$$

（3）斯蒂芬-玻尔兹曼定律。

斯蒂芬-玻尔兹曼定律是描述黑体全波段范围内的辐射出射度 M 与绝对温度 T 的关系,具体如下:

$$M = \sigma T^4 \tag{2.28}$$

式中,σ 为斯蒂芬-玻尔兹曼常数,取值为 $(5.669\,7 \pm 0.002\,9) \times 10^{-8}\ W/(m^2 \cdot K^4)$。

（4）距离平方反比定律。

距离平方反比定律是描述点源的辐射强度 I 与其所产生的辐射照度 E 之间的关系。如图 2.18 所示,点源在被照表面 x 点处所产生的辐射照度为

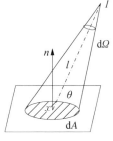

$$E = \frac{dP}{dA} = \frac{I d\Omega}{dA} = \frac{I\cos\theta dA/l^2}{dA} = \frac{I\cos\theta}{l^2} \tag{2.29}$$

图 2.18　点源产生的辐射照度

（5）立体角投影定律。

立体角投影定律是描述扩展源辐射亮度与其所产生的辐射照度之间的关系。如图 2.19 所示,被照表面的辐射照度为

$$E = \frac{I\cos\theta}{l^2} = L\frac{\Delta A_s \cos\theta_s \cos\theta}{l^2} = L\Delta\Omega_s \cos\theta \tag{2.30}$$

式中及图 2.19 中,L 为小面源的辐射亮度;ΔA_s 为小面源的面积;ΔA 为被照面面积;l 为两者之间距离;θ_s 为 ΔA_s 的法线与 l 的夹角;θ 为 ΔA 的法线与 l 的夹角;$\Delta\Omega_s$ 为 ΔA_s 对 ΔA 所张开的立体角。当 $\theta_s = \theta = 0$ 时,即 ΔA_s 与 ΔA 相互平行且垂直于两者的连线时,$E = L\Delta\Omega_s$,若 l 一定,ΔA_s 的周界一定,则 ΔA_s 在 ΔA 上所产生的辐射照度与 ΔA_s 的形状无关。

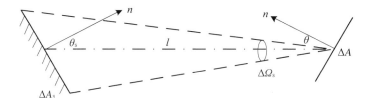

图 2.19　立体角投影定理

目标辐射特性基本定律都是参照黑体进行定义的,只不过黑体是一种理想化的物体,实际物体的辐射与黑体的辐射有所不同。为了把黑体辐射定律推广至实际物体辐射,必须定义真实固体壁面的辐射性质。一般包括发射率 ε、吸收率 α、

反射率 ρ 和透射率 γ。

发射率定义为该物体在指定温度时的辐射能量与同温度黑体相应辐射能量的比值。吸收率定义为物体吸收的能量占入射到物体表面能量的份额。反射率定义为物体反射的能量占入射到物体表面能量的份额。透射率定义为透过物体的能量占入射到物体表面能量的份额。

根据基尔霍夫定律,在热平衡状态下,其发射率 ε 与吸收率 α 相等。根据能量守恒定理,吸收率、反射率和透射率之和为 1。根据物体辐射特性的不同,可将物体分为以下几类。

(1)黑体:发射率和吸收率为 1。

(2)白体:反射率为 1,且为漫反射表面。

(3)镜体:反射率为 1,且为镜反射表面。

(4)透明体:透射率为 1。

(5)灰体:发射率小于 1,且发射、吸收性质与方向无关。

(6)选择性辐射体:发射率小于 1,且随方向和波长变化。

2. 红外试验测试技术

飞行器(含发动机)红外辐射特征试验测试主要包括辐射亮度、辐射强度、热像图以及温度图的测试。常用红外测试设备如下。

(1)红外搜索跟踪系统。红外搜索跟踪系统(Infra-Red Search and Track,IRST)是测试目标飞行器红外特征的重要设备。典型的 IRST 主要有:美国的 AAS-42 吊舱系统、欧洲的 PIRATE、法国的 OSL、瑞典的 IR-OTIS 等。IRST 一般作为飞机的探测系统而装备,不用于飞行器红外辐射特征的研究与测试,但其作为验证性的手段,对于比较不同类型飞行器红外特征,验证相关红外抑制措施的隐身效果等方面具有相当的实用性[3]。

(2)红外光谱辐射计。红外光谱辐射计是将视场内所有目标的入射能量通过光电转换成电信号,在各个光谱节点输出辐射能量分布;光谱辐射强度是描述点目标辐射源特性的物理量。其计算公式如下:

$$I_\lambda^R = L_\lambda^R \Omega R^2 \tag{2.31}$$

式中,L_λ^R 表示探测距离为 R 时,目标视场立体角 Ω 的光谱仪的探测器表面形成的光谱辐射亮度。

目前常用的光谱辐射计有法国 HGH 公司的 RAD314、以色列 CI 公司的 SR-5000、加拿大 BOMEN 公司的 MR100 系列、加拿大 TELOPS 公司的 FIRST 等,如图 2.20 所示。目前先进的光谱辐射计其分辨率都可达 1 波数,测试波段涵盖 1~15 μm。

(3)红外热像仪。红外热像仪是通过内部探测器扫描,将入射能量按照像素

(a) RAD314   (b) MR100   (c) FIRST

图 2.20　典型红外光谱辐射计

的形式显示在屏幕上,现有的热像仪主要是为了测量温度而设计,它们显示在像素上的信息是由辐射能量转换成的温度。

红外热像仪主要分为中波热像仪和长波热像仪,测温范围可达 0~2 000℃,且精度可达±2℃。典型的热像仪有 SC7300、SC7750、TEL - 1000 等,如图 2.21 所示。

(a) SC7300热像仪   (b) TEL-1000热像仪

图 2.21　红外热像仪

根据测试场景的不同,将红外测试试验分为以下三类:空空动态红外测试试验、地空动态红外测试试验、地面静态红外测试试验。

1) 空空动态红外测试试验

空空动态红外测试试验,如图 2.22 所示,是指测试目标飞行器在空中飞行,装载红外测试设备的飞行器伴飞,完成红外辐射特征测试。该试验可全方位、全包线、准确地反映发动机状态、飞行速度、飞行高度等变化带来的红外辐射特征的变化,红外数据是最直接有效的。但是该方法测试、准备周期较长,测试人力、物力消耗巨大,测试费用高。

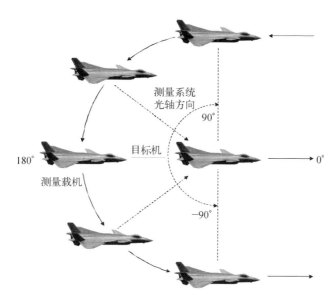

图 2.22 空空红外测试方法示意图

2）地空动态红外测试试验

地空动态红外测试试验,如图 2.23 所示,是指测试目标飞行器在空中飞行,红外测试设备在地面测试目标红外辐射特征。该实现可准确反映发动机状态、飞行速度、飞行高度等变化带来的红外辐射特征的变化,但无法获取全方位、全包线的红外特征。此方法同样存在测试准备周期长,测试的人力、物力消耗巨大等问题。

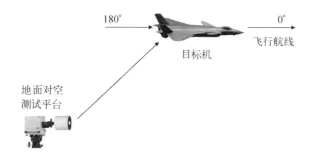

图 2.23 地空红外测试方法示意图

3）地面静态红外测试试验

地面静态红外测试试验,是指测试目标发动机的整机或者缩比试验件在地面试验台上,同时红外测试设备也在地面,测试其红外辐射特征。该方法在发动机的设计、优化、鉴定考核阶段广泛应用。通过地面露天台试车可以基本模拟发动机的工作状态,可以全方位获取发动机的红外辐射特征,该方法相对前两种对资源需求相对较低,试验成本相对较低。但是该方法很难通过发动机试车掌握飞行速度、高度等变化对红外辐射特征的影响,无法获取发动机全包线范围内的特征。典型的地面静态红外试验台[4,5],如图 2.24 所示。

图 2.24　地面静态红外测试系统

2.3.2　雷达隐身理论

1. 雷达隐身技术的概念

现代无线电技术和雷达探测技术的迅猛发展,极大地推动了战争防御系统搜索、跟踪目标的能力,使现代战争的对抗表现为电子高科技对抗,其中最主要的对抗领域之一就是雷达探测与目标隐身。雷达是迄今为止最有效的远程电子探测设备,它根据雷达目标对雷达波的散射能量来判断目标的存在,并确定其位置和运动状态。雷达隐身技术就是通过改变目标的外形、材料以及采用干扰、伪装等手段,降低雷达对目标的探测能力。

雷达方程[6]是雷达系统的基本原理和重要特性的数学表达,它定量表述了雷达系统参量、系统目标、背景影响(噪声和干扰)、传播影响(反射和绕射)、传播介质(吸收和散射)等各种因素对雷达作用距离的影响。雷达方程又称雷达距离方程,其数学表达如下:

$$R_{\max} = \left[\frac{P_t G^2 \lambda^2 \sigma}{(4\pi)^3 P_{\min}} \right]^{\frac{1}{4}} \tag{2.32}$$

式中,$R_{\max}$ 表示雷达最大探测距离;P_t 为雷达发射频率;G 为天线最大增益;λ 为雷达发射的电磁波波长;σ 为雷达散射截面(radar cross section, RCS);$P_{\min}$ 为接收信号最小电平。

从式(2.32)可以得出,雷达在自由空间最大探测距离与雷达散射截面的四次方根成正比。因此,减小目标的 RCS 就可以缩短雷达探测距离,也就降低了被雷达发现的概率,从而提高了目标生存能力和突防能力,这也是隐身技术要达到的目标。

2. 雷达散射截面[7,8]

当物体被电磁波照射时,能量朝各个方向发生散射,散射场与入射场之和就构成了空间的总场。从射线的观点来看,散射场包括了因介质突变而在物体表面上产生的反射以及源自边缘、尖顶等物体表面不连续性引起的绕射等。从感应电流的观点来看,散射场来自物体表面上感应电磁流和电磁荷的二次辐射。散射能量的空间分布取决于物体的形状、大小、结构以及入射电磁波的频率、极化方式等。产生电磁散射的物体成为目标和散射体。

当雷达入射方向和接收机位于同一点时,称为单站雷达,否则称为双站雷达。

电磁波在空间传播过程中遇到障碍物会发生散射,雷达利用这种特点来发现目标并测定未知目标。雷达散射截面是目标的一种假想面积,用来定量表征目标散射强弱。其定义式为

$$\sigma = 4\pi R^2 \frac{S_s}{S_i} \tag{2.33}$$

式中,S_s 表示天线位置上目标散射的功率密度;S_i 表示目标所在位置天线辐射功率密度。引入电场和磁场的概念,式(2.33)还可以表述为

$$\sigma = \lim_{R \to \infty} 4\pi R^2 \left| \frac{E_s}{E_i} \right|^2 = \lim_{R \to \infty} 4\pi R^2 \left| \frac{H_s}{H_i} \right|^2 \tag{2.34}$$

式中,R 为目标和天线之间距离;E_i 和 H_i 分别为雷达波入射到目标所在位置上的电场强度和磁场强度;E_s 和 H_s 分别为目标散射场在雷达天线处可被天线接收的电场强度和磁场强度。

σ 的单位为 m^2。为了便于运算及分布曲线的表达,在多数情况下,σ 的单位取作 $dB \cdot m^2$(分贝平方米)。用以上两种单位表示的 RCS 存在如下换算关系:

$$\sigma(dB \cdot m^2) = 10\lg \sigma(m^2) \tag{2.35}$$

3. 雷达散射特性

电磁波在传播的过程中,遇到障碍物会发生散射现象。同一目标对不同的雷达频率会呈现出不同的电磁散射特性。根据目标的特征尺寸 a 与入射波波长 λ,可以将散射分为瑞利区、谐振区和光学区[9]三个区域。

引入波数 k 定义为 $k = 2\pi/\lambda$,它表示电磁波在单位传播长度上分配的相位角,ka 描述目标散射截面与其受到入射波长(或频率)的关系。图 2.25 显示的是理想导电球归一化的散射截面随 ka 的变化规律。$ka < 1$ 时曲线以较大斜率上升,入射频率对 σ 的影响强烈;在谐振区 $\sigma/\pi a^2$ 变化为一条逐渐衰减的曲线,显示频率的影响从强转弱直至可以忽略不计;当 $ka > 10$ 时震荡曲线很快衰减成为一条 $\sigma/\pi a^2 = 1$ 的水平线。

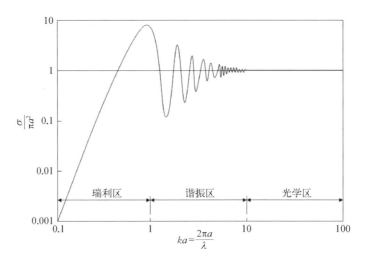

图 2.25 理想导电球 RCS 的频率特性[10]

上面的理想导电球在光学区的 RCS 正好等于其几何最大横截面积是一个特例,其他形状物体的 RCS 与几何面积之间并没有对应关系。但是实际中目标,包括如飞机和发动机等在同一视角上存在由多个不同几何形体组成的复杂目标,其电磁散射特性也都存在上述三个频率区域。

1) 瑞利区(低频区),$k < 1$

当入射电磁波长比目标特征尺寸大得多时,散射是由感应偶极矩引的,是一个准静场问题。目标作为一个整体参与散射过程,其 RCS 对不同照射方向上的形状细节不敏感。根据瑞利区目标 RCS 的经验公式,RCS 与目标的体积成正比,与入射波长四次方成反比:

$$\sigma = \frac{4}{\pi} k^4 V^2 F^2 \tag{2.36}$$

式中,V 是目标的体积;F 是目标的形状因子。

2) 谐振区,$1 \leqslant ka \leqslant 10$

在谐振区 $\sigma/\pi a^2$ 变化为一条逐渐衰减的曲线,显示频率的影响从强转弱直至可以忽略不计。这时波长和散射体的尺寸为同一数量级,散射体的每一部分对其他部分都产生影响,散射场是这些互相影响的总效果。

3) 光学区(高频区),$ka > 1$

入射波长远小于散射体尺寸,散射场主要由从各个独立的散射中心产生的回波叠加而成。这时不再是整个物体参与散射,而是将散射体作为由互相独立的若干散射中心的集合来处理,散射体的 RCS 对不同照射方向上的形状细节非常敏感。

4. 雷达散射截面评估方法

飞机上的雷达强散射源主要有飞机外机身结构及外挂物构成的角反射器、进排气系统带有的腔体结构的散射场及进气道、喷管进出口边缘的绕射场。按照强散射源的分类可以分为外域散射场数值计算方法和腔体散射场数值计算方法。按照计算方法可以分为高频计算方法和全波段计算方法。

目前国内外学者提出了许多种解析方法用于确定外形、尺寸和表面材料变化很大的目标 RCS，但在电磁辐射的散射问题处理上只有少数问题可以直接获得严格的解析解。这些能够求得严格解的问题所涉及物体的几何形状较为简单，并且其表面和典型的正交曲面坐标重合，通过满足严格边界条件的波动方程可以获得这类问题的解析解。自 20 世纪 50 年代来，人们提出了大量近似而准确的方法进行求解。

数值计算方案具有较高的计算精度，但它们通常只能满足十几个波长以内的目标。但是现有的电磁场计算技术还无法满足诸如飞机发动机这类典型的复杂电大尺寸目标散射研究的实际需求。因此针对飞机发动机一类目标的雷达隐身性能评估，电磁散射特性测量试验是现阶段比较可靠的手段。

2.4　进排气噪声理论

2.4.1　进排气系统气动声学基础理论

1. 进气系统气动声学基础理论

航空发动机进气系统噪声主要包括风扇噪声与压气机噪声。在圆形管道中相互靠近的转子和静子叶片排构成的流体机械，气流在旋转的转子和静子叶片排内流动，产生了强烈的单频噪声和宽频噪声。航空发动机进气系统噪声是飞机起飞和进场过程中飞机外部噪声的主要声源，随着涡轮风扇发动机涵道比不断提高，相应的发动机排气速度减小，与风扇压气机噪声相比排气噪声逐渐减少。因此，对于当代大型高涵道比涡扇发动机而言，风扇噪声已经占有突出的地位。航空发动机风扇噪声可按其产生机理、频谱特征和传播方向进一步分为以下分量，如图 2.26 所示。

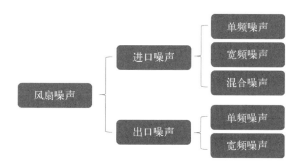

图 2.26　发动机风扇噪声的分量组合

风扇的进口单频噪声和出口单频噪声主要产生于风扇旋转叶片和固定导流叶片上的压力脉动。其频率直接与风扇的旋转速度相关,而其声源位置则在风扇转子和静子的位置。这种单频噪声同时向风扇的上游和下游传播,因而导致进口噪声和出口噪声两个分量。前者在传播的过程中与短舱进口发生干扰,而后者在传播的过程中与喷流的剪切流干扰。风扇的宽频噪声也向风扇的上游和下游传播,但其声源主要来源于风扇旋转叶片和固定导流叶片的相互干扰。这种干扰主要体现在风扇转子的尾流打在风扇静子上,以及尾流与叶片的相互作用。和单频噪声类似,宽频噪声的进口和出口两个分量将分别与风扇的短舱进口和喷流的剪切流干扰。风扇的混合噪声主要产生于风扇旋转叶片的超声速叶尖运动。其频谱特征主要是与风扇的旋转速度相关的单频,而其传播方向主要是风扇的上游方向,因而主要与风扇的短舱进口干扰。

20 世纪 80 年代初期,美国国家航空航天局(NASA)针对安装涡轮风扇发动机的大型民用运输机,开发了飞机噪声预测计划(Aircraft Noise Prediction Program, ANOPP)软件系统[11],包括了当时发展的多种机体噪声和发动机噪声源预测模型,对飞机噪声研究工作起到了促进作用,NASA 在 20 世纪 80 年代将这套软件公开,在国际航空界产生了一定影响。但是由于飞机噪声预测模型中采用了当时条件下的方法,其应用范围和计算准确度都有进一步改进的需求和必要。特别是随着各种新的设计技术在飞机机体气动设计和飞机发动机设计中的广泛使用,例如现代涡扇发动机风扇叶片广泛采用的弯掠设计技术、先进的吸声结构设计等,使得早期的飞机噪声预测软件中的声源模型的适应性降低。为此,近几年来,美国兰利研究中心对 ANOPP 飞机噪声预测系统进行了第一次全面的改进,形成了改进后的 ANOPP2 系统[12]。这套系统依然在不断发展中,每一个新的与声学相关的技术应用都需要在 ANOPP2 中得到体现,以确保其噪声预测的准确性和有效性。

为了保护美国航空工业的市场竞争力,NASA 对 ANOPP2 进行了出口控制。这导致世界上其他国家的航空企业以及研究机构不得不投入大量的资源对飞机整体噪声预测及低噪声技术进行研究。在飞机噪声预计、分析和试验技术研究领域,我国与国际先进水平的差距很大。

2. 排气系统气动声学基础理论

喷流噪声是由非定常的湍流运动引起的,当高速的喷流流体喷入静止或流速相对较慢的气流中时,高速的喷流与周围静止或者相对较慢的介质急剧混合,从而在喷流边界层内产生了强烈的湍流脉动。气体中动量的变化要通过力的作用来平衡,而在没有固体边界的空气中,该作用力主要是由气体脉动压力的变化产生的。气体流动区域内的压力变化导致了密度的变化,并将这种变化传播到流动区域以外的介质中,这就是喷流噪声的来源。由于喷流中流动的紊乱性和无序性,并且流体的参数如速度、压强和密度等变化无常,所以不能简单地用时间和空间函数来描述。

　　航空发动机排气系统噪声(简称喷流噪声)是气动声学的经典难题,在学科发展历程中占据核心地位。Lighthill[13]声类比理论创立之初即主要针对喷流噪声,其基本思路是从 Navier-Stokes 方程出发推导获得描述流体发声的非齐次波动方程,方程左端是波动算子,方程右端类比古典声学处理方式被比拟为四极子声源项,对于喷流噪声而言,四极子声源分布在整个喷流流动域上,Lighthill 采用广义格林函数求解方法,通过量纲分析和远场假设,获得了喷流噪声声功率与喷流速度的 8 次方成正比这一重要规律,该规律很快获得了许多研究者的试验结果验证与支持,并在航空发动机声学设计中发挥巨大作用。因而 Lighthill 自然被公认为气动声学这门学科的创立者,而他创立的声类比理论也成为近 70 年气动声学的主导理论框架,见公式(2.37)、公式(2.38)。

$$\frac{\partial^2 \rho'}{\partial t^2} - c^2 \frac{\partial^2 \rho'}{\partial y_i^2} = \frac{\partial^2 T_{ij}}{\partial y_i \partial y_j} \tag{2.37}$$

式中,c 为等熵条件下的声速值;ρ' 为密度脉动;T_{ij} 是应力源。其中 T_{ij} 可用公式(2.38)表示:

$$T_{ij} = \rho v_i v_j - e_{ij} + \delta_{ij}[(p - p_0) - c^2(\rho - \rho_0)] \tag{2.38}$$

式中,ρ 为流体密度;v_i 为流体微团沿 x 方向速度;v_j 为流体微团沿 y 方向速度;e_{ij} 为黏性应力张量;p 为流体压强;p_0 为流体处于静止状态下压强;ρ_0 为流体静止时密度;$\delta_{ij}[(p - p_0) - c^2(\rho - \rho_0)]$ 代表熵增的影响。

2.4.2　进排气系统噪声试验理论

1. 进气系统噪声试验理论

　　风扇压气机的噪声源具有种类繁多特点(定常载荷噪声,激波、转/静干涉、静/转干涉、叶尖间隙涡系、二次流涡系等非定常载荷噪声),加之风扇/压气机的结构复杂、流场复杂、多级间声源的干涉与耦合使得对风扇增压级的降噪试验研究工作十分繁杂。进气系统试验主要获取风扇前传声噪声水平和管道前传模态特征,为风扇前传降噪以及结构优化设计提供试验数据支撑。

　　在研究风扇增压级的噪声问题时,首先需要考虑试验过程能否完全模拟真实的发动机风扇的工作状态,受地面的环境影响,如不加任何装置的自由进气会极大地增加入流的畸变程度,改变风扇的真实工作状态,造成的恶劣后果便是测试结果的失真。因此,在开展风扇增压级试验之前,关键问题便是设计一个湍流控制屏,以使在不影响声学测试的基础上对风扇进气进行整流,模拟真实的高空进气条件。

湍流控制屏的主要作用便是对发动机的进口气流进行整流,以消除地面静态试验的影响。而湍流控制屏这一试验关键技术的难点,在于在降低进气湍流度的同时,必须保证由整流作用而引起的流阻不会对风扇的性能造成影响,以及其自身对声学的透射特性不会对声场的研究造成影响。噪声数据处理过程中需要考虑湍流屏对信号的影响,获取进气系统较为真实的噪声辐射特性。

基于气动声学相似原理在部件上开展降噪改型和优化设计的论证与试验验证工作,对于飞机和发动机噪声控制具有重要意义。进气系统声相似理论需要建立气体流动的声相似条件,描述气动产生的声源及其声传播的基本波动方程[14,15]。引入气动力学无因次参数相似参数,斯特劳哈尔数 Sr、马赫数 Ma、雷诺数 Re、弗劳德数 Fr、欧拉数 Eu 等。并引入无因次旋量、型面尺寸、型面 Ma 等,如果除波动方程以外,也考虑状态方程和能量方程,就又得到了普朗特数。于是,为紊流的气动声学相似,应保持以下的气流相似准则: Sr、Ma、Re、Fr、Pr、c/c_0、D/λ 物体几何相似,在物体表面上气动力载荷分布相似,在符合这些模拟条件下,各几何相似的模拟点上的声压级与实物的是相等的。同时,试验设备应保证在主要模拟参数范围内模拟真实的气动声学过程。

2. 排气系统噪声试验理论

喷流噪声主要由湍流混合噪声、宽带激波噪声和啸音三部分组成,其中宽带激波噪声和啸音存在于未完全膨胀超声速喷流噪声中。湍流混合噪声主要由大尺度结构的湍流噪声和小尺度结构的湍流噪声组成。大尺度的湍流噪声主要以马赫波形式向喷流的下游方向辐射,在喷流的下游方向占据主导地位。小尺度的湍流噪声指向性较弱,在喷流上游和边线方向起主导作用,在高马赫数喷流噪声中,大尺度湍流结构噪声是喷流噪声的主导噪声。全尺寸喷流噪声试验是十分昂贵的,因此需要进行缩比试验研究,然后转换为全尺寸喷流噪声。在过去,针对缩比模型和全尺寸相似研究主要有两种途径,第一种途径是对相似参数的经验修正;第二种途径是根据理想喷管模型的解析解和试验数据进行匹配。当前喷流气动声学相似研究主要理论基础是量纲分析和Ⅱ定理,量纲分析的最大优点是能够使相似研究简化,不必分析具体的喷流噪声声源分布和噪声传播过程,同时不必求解偏微分方程。具体地说,该方法不求解物理方程,只需要分析相似公式,因此该方法具有较好的应用前景。

在进行部件及整机试验相似转换研究过程中,根据相似准则理论,只需要做到试验对象几何相似,并且使排气充分发展的排气密度、排气速度相等,则对应部位的声压相等。一些国外的研究表明:尺寸和雷诺数对试验结果的影响不大,这意味着试验室缩尺模型排气噪声的试验结果可以换算到真实发动机尺寸排气,试验室缩尺模型排气噪声不仅能比较精确地模拟全尺寸喷气发动机的排气噪声,而且也能相对精确地模拟降噪效果。对于喷气发动机来说,冷流缩比排气噪声试验相当准确,频谱误差在±2 dB 之内。为了进行排气噪声控制,冷流缩比排气噪声试验是一个有效的、经济方便的试验工具,它的好处是样机生产出来之前就可以确定各处的声载荷,现在的发动机排气降噪设计都可以采用这种试验发展。为了评估有效感觉噪声级(effective perceived noise level, EPNL)的净收益,缩尺模型尺度的试验数据需要外推到真实发动机尺度,一般采用 1/3 倍频程进行外推。为减少雷诺数的影响,在试验室条件允许的情况下缩尺模型的尺寸应尽量大一些,大尺寸排气噪声试验模型的雷诺数更接近于实际发动机喷管排气的值,噪声测量结果将更值得相信。

参考文献

[1] 易仕和,赵玉新,何霖,等. 超声速与高超声速喷管设计[M]. 北京:国防工业出版社,2003.

[2] 张建奇. 红外物理[M]. 西安:西安电子科技大学出版社,2007.

[3] 桑建华. 飞行器隐身技术[M]. 北京:航空工业出版社,2013.

[4] 卢浩浩. 二元俯仰矢量排气系统红外辐射特性与抑制技术研究[D]. 南京:南京航空航天大学,2017.

[5] 斯仁. 飞行器红外隐身设计评估软件及二元喷管隐身技术研究[D]. 南京:南京航空航天大学,2015.

[6] Knott E F, Shaeffer J F, Tuley M T, et al. Radar cross section [M]. Dedham:Artech House,1985.

[7] 王自荣,余大斌,孙晓泉,等. 雷达隐身技术概述[J]. 上海航天,1999(3):52 - 56.

[8] 庄钊文,袁乃昌,莫锦军,等. 军用目标雷达散射截面预估与测量[M]. 北京:科学出版社,2007.

[9] 黄培康,殷红成,许小剑,等. 雷达目标特性[M]. 北京:电子工业出版社,2005.

[10] 杨胜男,尚守堂,邵万仁,等. 球面收敛二元喷管电磁散射特性研究[J]. 航空动力学报,2015,30(12):2983 - 2991.

[11] Zorumski W E. Aircraft noise prediction program theoretical manual, parts 1 and 2[M]. Hampton:NASA, 1982.

[12] Lopes L L, Burley C L. Design of the next generation aircraft noise prediction program:ANOPP2 [C]. Portland:17th AIAA/CEAS Aeroacoustics Conference (32nd AIAA Aeroacoustics Conference),2011.

[13] Lighthill M J. On sound generated aerodynamically. I. general theory[J]. Proceedings of The Royal Society A:Mathematical, Physical and Engineering Sciences, 1952, 211(1107):564 - 587.

[14] 顾大伟,钟芳源. 气动声学相似理论与试验研究[J]. 航空动力学报,1987,2(4):289.

[15] Neise W. Barsikow B. Acoustic similarity laws for fans[J]. ASME, Journal of Engineering for Industry,1982,104(2):162.

第 3 章
进气试验

3.1 概　　述

进气道作为吸气式航空推进系统的最上游部件,其重要性不言而喻。在一定材料水平下,燃烧室允许达到的最高温度一定,以当前材料耐高温限制水平(2 000 K 左右)推算,则进气系统减速增压所转换的气流能量,在 $Ma=1.8$ 时约占燃烧室工作加入能量的 12%;在 $Ma=3.4$ 时,这个比例提高到 2/3;在 $Ma=4.5$ 时,进气系统减速增压所转换的气流能量已增加到燃烧室加入热量的 2.3 倍。这意味着在高马赫数下,进气系统产生的能量损耗,即使只有小幅度的增加,都会对整个动力系统产生严重的影响,且进气系统效能对推进系统乃至全机的影响程度和重要性,相比于传统速度范围的飞行器要高得多。因此,在进气系统的设计到研制阶段,必须经过多轮风洞试验的验证[1]。

按气流速度区分,进气试验可分为亚声速试验、超声速试验。按试验模型区分,进气试验可分为缩比试验、全尺寸试验、进气总压畸变模拟试验。受制于气源能力、结构强度等因素,目前绝大多数试验采用基于流动相似原理缩比的模型吹风验证研究。按试验目的区分,进气试验可分为冷态吹风试验、高焓风洞试验。两者的主要区别在于对于风洞气流温度的模拟。冷态吹风试验是基于马赫数相似原理开展的,主要模拟和复现进气道真实工作的速度环境,一般应用于低速进气道试验或初步设计的高速进气道试验。高超声速飞行器因其飞行速度高,周围气体通过激波加热或者黏性阻滞减速,分子随机运动能量增加,产生数千摄氏度的高温,引起气体分子振动激发、离解,甚至电离,导致高超声速气体呈现真实气体属性,为了更好地模拟真实气体效应,需要采用高焓风洞试验。模拟超高速流动高温效应的两个关键参数是来流速度(比焓)和双尺度参数 ρL(ρ 为密度,L 为特征长度)。

本章将对进气道设计中几类典型的试验进行举例和阐述:进气道缩比试验、全尺寸进气道试验、进气总压畸变模拟试验。

3.2　进气道缩比试验

3.2.1　研究背景

缩比试验以往在水利、工程力学、航空航天等领域有过成功的应用。成功地应用实例证明：基于相似原理的缩比试验在相似条件下具备充分的准确度，是进行模型试验与原型试验可比性研究的重要方法与手段。

在航空航天领域，针对气动设计方案，往往首先采用数值仿真手段对设计结果的气动性能及流场特征进行模拟预测，并在此基础上开展风洞试验进行验证。在进气系统的气动设计验证中，考虑到风洞试验成本、试验条件及试验难度等方面的需求，常基于几何相似及气动相似准则，利用缩比模型代替原尺寸模型，采用相同的试验方法标准，开展风洞试验研究，对进气系统的气动性能进行验证。进行进气道缩比模型的风洞试验时，为保证缩比模型能够实现对原尺寸模型的气动性能及流场结构的模拟，缩比模型的设计需满足相似准则的要求：首先是几何外形相似，即缩比模型是对原尺寸模型的等比例缩放结果；其次是流动相似，即要求缩比模型与原尺寸模型的流场在对应点上任意时刻的所有表现流动特征的物理矢量都成一定的比例关系。根据 Navier - Stokes 方程，可推导出缩比模型与原尺寸模型在工作过程中需满足马赫数、雷诺数、普朗特数分别相等。

3.2.2　试验目的

针对进气道缩比模型，在风洞内对不同来流条件开展风洞试验研究，以模拟其在不同工作状态点的流动特征。通过纹影摄像，稳、动态压力测试等手段，获取进气道的关键气动性能参数，主要包括：进气道沿程壁面压力分布曲线、进气道出口流量、进气道出口马赫数、进气道压比、进气道流量系数、进气道总压恢复系数以及进气道出口综合畸变指数等关键参数，进而对不同来流条件进气道的内流流动情况进行分析，并可以与数值仿真结果进行对比，为工程应用提供试验数据支撑。

3.2.3　试验方案设计

1）缩比试验件研制

受到现有风洞试验设施尺寸的限制，很难直接将全尺寸飞行器模型放入风洞进行试验，试验模型一般都要在全尺寸飞行器的基础上进行一定程度的缩比。根据风洞条件，确定进气道试验件的缩比尺寸，此过程需注意三个要点：① 进气道缩比模型的唇口须处于风洞均匀区内；② 风洞的极限堵塞比一般不超过 20%；③ 评估模型缩比后的气流雷诺数，确保在自模化区内，以满足模型缩比的相似准则。

为确保风洞试验模型模拟的内流流动与飞行条件尽量一致，提高地面预测气动性能的精度,一般还会对进气道缩比模型及原尺寸造型的流量系数进行权衡:① 计算全尺寸模型和不同缩比比例模型的流量系数;② 以全尺寸模型的流量系数为基准,分别计算不同缩比比例模型的流量系数变化量;③ 选取与全尺寸模型流量系数相对误差小于5%的缩比尺寸,以及风洞试验设备尺寸,确定缩比比例,形成风洞试验的缩比模型。

2) 吹风及测量方案设计

根据待测数据的需求以及量程范围,制定风洞的测量方案、选取测量设备,准备对应的测耙、探针及压力扫描阀。① 一般对于进气道沿程静压、各部分总压的稳态值获取选用稳态压力扫描阀、绝压传感器。扫描阀通常是多通道使用的,扫描阀通常是多个度通道使用一个传感器,通过开关在不同时刻轮换采集不同通道的压力,因为转换速度非常快,因此可以方便地同时获得多通道的压力信号。压力传感器将压力转换为模拟信号电道压后,可以由 A/D 转换器直接转为数字信号,每个传感器和 A/D 设备属相互独立;现代的扫描阀通常自带 A/D 设备,直接输出数字信号进计算机。② 如需开展进气道起动性能、激波附面层干扰等流场变化较为剧烈的研究,则要布置动态压力传感器。③ 如需测试进气道的阻力特性,则要布置测力天平。

3) 吹风试验

吹风试验过程包括试验件检查安装、测试设备校准以及吹风试验。① 首先对试验件及各个管路进行检查,确保装配完整、管路畅通。② 然后对测试设备进行校准,确保所对应的量程符合风洞测试要求。对于不同原理的压力传感器,压电式压力传感器只适用于测量动态压力,因而动态畸变程度的测量需要做动态标定;其他的动静态压力都可以测量,应用最多的属于频率很低的准静态测量,因此静态标定是应用最多的标定形式。当被测压力频带较宽时,各种压力传感器都应该做频响标定。③ 根据制定的吹风方案进行试验和数据采集。

3.2.4　试验案例:马赫数 6.0 带 Bump 前体的三维内收缩式进气道缩比风洞试验[2]

1. 试验件的选择

1) 带钝化前缘的 Bump 型面试验件设计说明

针对 Bump 型面排除前体低能流的风洞试验,本书设计了如图 3.1 所示的试验模型。该模型主要包括钝化前缘、带 Bump 平板、挡板和总压测耙。下面分别对这些部件的设计进行说明。

(1) 钝化前缘平板设计。钝化前缘处在进气道最前端,其设计应结合风洞来流均匀区的位置和大小进行,然后根据前体低能流厚度占进气道入口高度的比例选择合理的前缘钝化半径。给定钝化前缘处平板宽度 296 mm,该前缘距离进气道入口前缘所在截面 311.7 mm,钝化半径给定 0 mm、1 mm 和 2 mm 三种。经数值模拟发现,在给定的前缘钝化半径和平板长度下产生的低能流厚度分别占进气道入

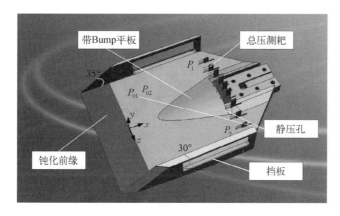

图 3.1　带钝化前缘的 Bump 试验模型

口高度的 21.4%、37.0% 和 46.0%。由此便可得到不同低能流厚度下 Bump 型面排除低能流的效果及进气道的气动性能。

（2）带 Bump 平板设计。带 Bump 型面的平板为整个试验件的主体承力构件。其中 Bump 型面采用反问题方法设计,然后将其缩小至图 3.2 所示形状。在该部件两侧布置挡板以稳定 Bump 型面前方来流,而在 Bump 型面下游预留与进气道装配的接口。此外,在 Bump 型面末端所在截面上布置 9 个总压测耙,以检测 Bump 型面排除前体低能流的效果。

（3）挡板形状。在挡板上面镶嵌 10 mm 厚的光学玻璃以观察 Bump 型面上的流场情况,此时挡板前缘由于正对

图 3.2　Bump 试验件及其在风洞中的安装位置照片

来流,所以必然产生激波。为使该激波产生的波后流场不影响到 Bump 型面前方,在挡板前方设置 35° 的后掠角,然后过前缘线以 30° 角斜切挡板前缘。需要强调的是,设计的挡板前缘形状可确保来流马赫数为 5 时不会产生脱体激波。

可排除前体低能流的 Bump 型面试验件模型与风洞的相对位置关系如图 3.2 所示,试验件基本处在均匀区内部,可确保试验件前方流场品质满足试验要求。

2）带 Bump 型面的三维内收缩式进气道试验件的设计说明

带 Bump 型面的三维内收缩式进气道试验件如图 3.3 所示,该试验件是通过在带钝化前缘的 Bump 型面试验件的末端装配进气道部分试验段形成的。在进气道试验件中心截面处布置静压孔以测试沿程静压分布;在进气道末端截面布置 8 个总压测耙以测试进气道出口的总压分布。整个进气道试验件安装在带钝化前缘

的 Bump 型面试验件下游。如图 3.4 所示,钝化前缘至进气道唇口基本处在风洞均匀区内,确保试验件前方来流的流场品质满足试验要求。最终的试验件在风洞的按照位置如图 3.5 所示。

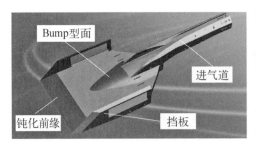

图 3.3　带 Bump 型面的三维内收缩式
进气道试验件

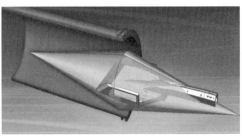

图 3.4　进气道整体试验件与风洞
均匀区相对位位置图

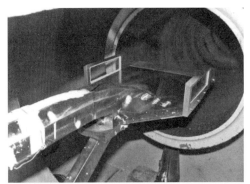

图 3.5　带 Bump 型面的三维内收缩式进气道试验件模型照片

低能流在进气道喉道附近开始堆积,严重时还可出现分离,从而影响了进气道的气动性能。为了有助于在下一步工作中更深入挖掘进气道的气动性能,本书在进气道喉道位置设置了抽吸孔板的替换模块,如图 3.6 所示。

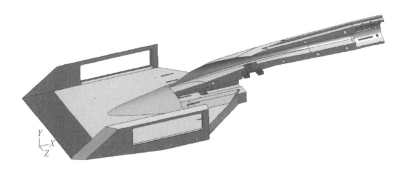

图 3.6　进气道喉道位置抽吸板形状及位置

2. 试验前准备

1）风洞条件

本书试验在南京航空航天大学的高超声速风洞（Nanjing University of Aeronautics & Astronautics Hypersonic Wind Tunnel，NHW）中进行，该风洞为 $\phi500$ mm 的开式风洞，可以提供的试验马赫数为 5、6、7 和 8 四种，可持续吹风 8 s。本书只进行马赫数为 6 条件下的试验，来流总压为 0.8 MPa、静压为 531 Pa、来流总温为 550 K，静温为 67 K，风洞极限堵塞比约 20%。

在风洞尺寸条件限制下，整个风洞均匀区尺寸达到 $\phi336$ mm。考虑到风洞流场均匀区的大小，将 Bump 型面和进气道气动型面缩小至原来的 1/5.56，然后设计试验模型。整个过程所使用的试验件包括钝化前缘板、带 Bump 型面平板、挡板和进气道型面等。

2）数据采集系统

本书试验中需要测试的流场参数只有稳态压力，均采用静压孔和总压探针进行测试。压力采用美国压力系统国际公司（Pressure Systems International Incorporated）的 PSI 压力扫描阀（型号：9IFC 和 9816）和绝压传感器进行采集，试验测点数可确保本书进气道，稳态测量精度为量程的 ±0.15%。在进气道的测试过程中，总压探针前方会产生一道脱体激波，此时所测得的总压为该激波波后的总压。可以根据测点在试验件的具体位置处的压力值确定量程大小，见表 3.1。

表 3.1 进气道风洞试验模型测点的测试仪器和量程设置

测 点 位 置	数 量	压力测试仪器	量程/ kPa
前缘平板静压孔	2	PSI（9816）	2.5
进气道前缘所在截面静压孔	9	PSI（9816）	2.5
进气道前缘所在截面总压探针	45	PSI（9IFC）	100
进气道中心截面静压孔	31	绝压传感器	25,100
进气道出口总压测耙前静压孔	8	绝压传感器	25,100
进气道出口总压测耙	33	PSI（9IFC）	100

3）试验误差分析

在流体力学试验过程中，总会引入一定程度的误差，可分为系统误差、随机误差和粗大误差三类。其中，系统误差还可分为仪器误差、方法误差、人为误差和环境误差等。本书的试验全都采用计算机全自动采集数据，试验件均采用高精度的数控机床加工，以确保试验模型及其与风洞安装面装配的精度，因此在确保所有管线连接正确的前提下,能够影响试验结果精度的误差主要是仪器误差,即由于仪器自身或使用不当引入的误差。

本书试验采用的设备主要有高超声速风洞、压力扫描阀。其中风洞流场参数已经过标定,满足风洞试验的要求;压力扫描阀精度为±0.15%,基本上均能满足本书的静压和总压数据测试精度要求。

3. 测试方案设计

本书风洞试验所要测试的压力包括 Bump 型面试验件平板处的静压、Bump 型面末端截面处总压、进气道沿程静压和进气道出口位置处的总静压,下面对测点的布置情况进行说明。

1) 带钝化前缘 Bump 型面试验件测点布置

为了便于确定带钝化前缘 Bump 型面试验件上测点的位置,需要在试验件上建立参考坐标系,坐标原点为带钝化前缘平板末端边缘线的中点。

试验件静压测点布置如图 3.7 所示,分别在 Bump 型面前方和末端总压探针所在截面处布置静压孔。其中,Bump 型面前方的两个静压孔用来检测 Bump 型面前缘所在位置是否已经远离钝化前缘影响区域;Bump 型面末端截面处的总压探针与壁面上静压孔组合起来,用来检测 Bump 型面排除前体低能流的效果。

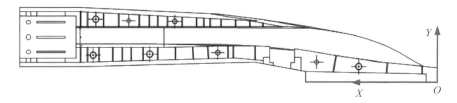

图 3.7　进气道中心截面处的参考坐标系及沿程静压孔的位置

另外,还需说明的是,在高超风洞中来流静压很低(约 450 Pa),很难采集绝对压力数据。为了能够准确监控 Bump 型面前缘是否受钝化前缘干扰,将 P_{01} 设置为 PSI 的参考压力,并将 P_{01} 与 P_{90} 的压力进行对比(测点 P_{90} 的位置远离钝化前缘,经数值模拟发现,该点处的静压基本接近来流静压),若两者相差较小则认为 Bump 型面前缘未受到干扰。而在处理试验数据过程中需要用到 Bump 型面上的静压分布时,可通过来流总压和马赫数计算出实际的来流静压,并将计算的来流静压作为参考点的静压来计算出其他静压孔的静压值。

如图 3.8 所示,在 Bump 型面末端截面上布置了 9 个总压测耙,测耙在 Z 方向上以 Bump 型面中心截面为对称面进行布置,而在 X 方向上则布置在型面末端。每个测耙上有 5 个总压探针,这些探针在 Y 方向上以等比数列距离布置,以确保在

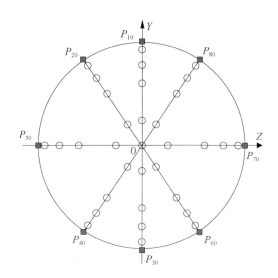

图 3.8　进气道模型出口总压测耙及测点的布置方位

低能流区域内至少有两个测点。测点用 P_{ij} 表示,当 $i=0$ 或 $j=0$ 时,P_{ij} 代表静压孔;其余情况下,即 $i=1\sim9$、$j=1\sim5$ 时,P_{ij} 代表总压探针,此时,i 代表总压测耙编号,j 代表总压测耙上由壁面至流场中心的总压探针编号。

2) 进气道模型上的测点布置

在进气道模型中心截面处布置 31 个(上侧 15 个,下侧 16 个)静压孔以检测进气道沿程压力分布;在进气道模型出口截面处布置 8 个总压测耙,在总压探针所在截面处各布置 1 个静压孔。其中,沿程静压孔的位置可通过如图 3.7 所示的参考坐标系确定。

进气道末端处布置的总压测耙如图 3.8 所示。根据测耙在进气道出口截面的堵塞比,将测耙的数目定为 8 个;各测耙上总压探针的位置分布按照等环量设计,根据相邻两个探针之间的距离大小,将探针总数定为 33 个(出口截面中心位置处多布置 1 个测点);进而在总压探针所在截面处布置 1 个静压孔(图 3.7 中参考坐标系中 $X=435.1$ mm 截面处),以测量壁面处的静压。同样,根据图 3.8 所示的参考坐标系确定总静压孔的位置,测点符号 P_{ai} 的下标中 a 代表测耙编号,i 为 0 时代表静压孔。$i=1\sim4$ 时 P_{ai} 代表第 a 个测耙上的总压探针编号,此时,i 代表总压探针由壁面至进气道出口中心位置的编号;$i=5$ 时 P_{ai} 代表进气道出口中心位置处的总压探针。

4. 试验内容及流程设计

整个风洞试验的状态如表 3.2 所示,整个试验来流马赫数为 6,试验件姿态为 0° 攻角、0° 侧滑角。在不同钝化前缘半径下测试 Bump 型面排除低能流的效果和带 Bump 型面的进气道气动性能。

表 3.2　风洞试验状态

序　号	试　验　项　目	来流马赫数	攻角、侧滑角/(°)	钝化前缘半径/mm
1				0
2	Bump 型面试验	6	(0, 0)	1
3				2
4	进气道性能测试	6	(0, 0)	1
5				2

5. 数据处理和分析

1) 沿程静压分布与 CFD 结果对比分析

对于不同厚度的前体低能流,试验所测得的进气道沿程静压与数值模拟结果对比如图 3.9 所示。由图可知,进气道中心截面处沿程静压清晰地显示出了进气道内部的斜激波串结构。两次 1 mm 前缘钝化半径下的试验结果除上表面末端处的静压分布有些差别之外,其余部分基本一致;另外,由三次试验结果的对比发现,前缘钝化半径对进气道喉道之前的外压缩段沿程静压分布影响不大,而隔离段内部的激波串结构低能流厚度较大,使隔离段内部反射激波的激波角度增大,引起激波反射点的位置略微前移(低能流越厚,斜激波激波反射点向前的偏移量越大)。

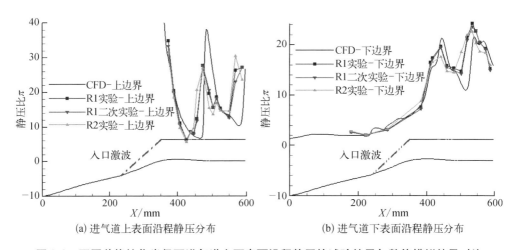

(a) 进气道上表面沿程静压分布　　　(b) 进气道下表面沿程静压分布

图 3.9　不同前缘钝化半径下进气道上下表面沿程静压的试验结果与数值模拟结果对比

图 3.9(a)中上边界起始位置的压比最高,这是溢流口上游附近存在局部脱体激波所致。气流经过脱体激波进入进气道之后开始膨胀,使气流的压力逐渐降低。由于进气道等熵压缩段后半部分型面通过肩部光顺得到,进气道上唇口位置处的

反射激波在下表面不能很好地实现消波,这使得进气道隔离段内部产生一段由斜激波组成的激波串。

结合数值模拟结果进行分析,由于试验中前体低能流的厚度比数值模拟中的更大,使隔离段内反射激波点前移,进而使试验得到的相邻两个激波反射点距离相对于数值模拟结果整体缩短。此外,在上表面的激波反射点位置和下表面的压力较小位置处,试验结果与数值模拟结果相差较大,可分别进行分析。对于试验结果与数值模拟结果中上表面压力峰值的不同,这是由于低能流厚度较大,引起下表面反射激波角度增大,进而使该激波与上表面的交点前移;而上表面的流场在激波反射点前方处于膨胀加速阶段,该点位置的前移使得反射激波强度降低,进而使反射激波点处的压力降低。而下表面的压力极低值较小的原因与上表面不同,这是由于下表面低能流较厚,在低能流亚声速区域压力前传的作用下,下表面处的压力极低值所在区域被"抹平"。

但总的来讲,本书的风洞试验结果与数值模拟结果得到的沿程静压分布趋势基本吻合,这说明对进气道的数值模拟是准确可靠的。

2)进气道出口气动性能分析

(1)进气道出口截面处静压修正。

在 1 mm 前缘钝化半径的试验中,对横向和纵向上的测耙分别进行了两次试验,在此首先给出这两个方向的皮托压分布,再与数值模拟结果进行对比,如图3.10 所示,横坐标为皮托压与自由来流静压之比。由图可知,两次 1 mm 前缘钝化半径的试验结果基本重合,这说明进气道出口处测耙截面对进气道出口流场影响较小。进一步将试验结果与数值模拟结果进行对比发现,试验结果中皮托压的分布趋势与数值模拟结果基本一致,但数值明显偏大。这是由于试验中进气道前方的低能流厚度较大,使隔离段内部的激波反射点前移,进而使气流在进气道内部经历的压缩程度增强,最终使进气道出口马赫数较低,导致进气道出口皮托压增大。

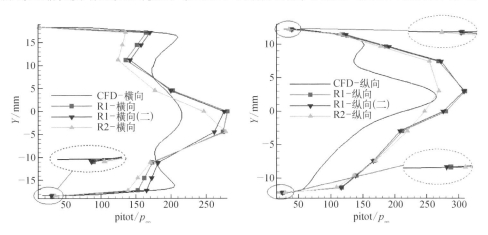

图 3.10　进气道试验出口截面横向和纵向测耙上皮托压分布与数值模拟结果对比

然而,由图 3.10 和表 3.3 可知,在进气道出口截面处静压相对于数值模拟结果明显偏高,且高于图 3.9 中进气道末端的静压。分析图 3.8 中总压探针和静压孔的位置分布发现,测耙近壁处的总压探针与静压孔距离太近,从而对静压孔造成较大干扰。因而,本书去掉 2 号、4 号、6 号和 8 号测耙,并在 1 mm 前缘钝化半径下再进行一次试验,如表 3. 3 中 R1(二次)中的试验结果,除了第 2 个测耙前方的静压孔参数依然偏大外,其余三个静压都接近数值模拟结果。经检查模型静压孔发现,2 号测耙前方静压孔方向与进气道壁面并不垂直,使测得静压结果包含部分动压信息,给测试结果带来较大误差。这说明,在进气道出口位置处确实出现了总压探针对静压孔干扰的情况,为此本书便结合数值模拟结果与现有的试验结果对进气道出口截面处的静压进行修正,可分为三部分,方法如下: ① 结合第二次 1 mm 前缘钝化半径下的试验结果,将 4 号、6 号和 8 号测耙前方壁面的静压孔试验结果直接赋给修正后的静压值。然后根据流场的对称性结构,将 8 号测耙前方壁面处的静压值直接赋给 2 号测耙前方壁面处的静压。② 对 1 号和 5 号测耙前方壁面处静压的修正,应结合沿程静压和数值模拟结果进行修正。进气道上表面末端的静压为 27.1 倍来流静压,且在进气道末端将要出现一个局部的压力平台,因而将 1 号测耙前方壁面处修正后的静压设定为 27.1 倍来流静压。结合数值模拟结果中进气道出口的静压分布规律发现,5 号测耙前方壁面处的静压与 4 号和 6 号测耙前方壁面处的静压接近,因此将其设为 16.3 倍来流静压。③ 3 号和 7 号测耙前方壁面处静压的修正方法与 1 号和 5 号测耙类似,由数值模拟可知这两个测耙前方壁面处的静压与 4 号和 6 号测耙前方的静压接近,结合试验结果将这两个测耙前方的静压值分别设为 17.0 和 16.3 倍来流静压。

表 3.3　进气道试验出口截面处静压分布与数值模拟结果对比

	P_{10}	P_{20}	P_{30}	P_{40}	P_{50}	P_{60}	P_{70}	P_{80}
CFD	26.7	25.3	15.8	16.0	15.8	16.0	15.9	25.3
R1	39.0	39.0	30.5	20.2	25.6	24.3	10.9	31.7
R1(二次)	38.7	38.8	29.8	17.6	24.7	16.3	10.6	19.7
R2	34.3	34.4	34.8	24.0	28.7	25.0	12.4	30.0
R1(修正)	27.1	19.7	17.0	17.6	16.3	16.3	16.3	19.7

由于 2 mm 前缘钝化半径下进气道出口截面处静压数据误差太大,此处本书也采用 1 mm 前缘钝化半径下的修正数据,对进气道出口的试验结果进行处理。下面分析进气道试验的数据处理结果。

（2）进气道出口截面试验结果处理。

当总压探针前方来流处于亚声速时,探针测得的皮托压即为当地总压;反之,将总压探针前方壁面处的静压作为测耙上总压探针位置处的波前静压,然后根据皮托压和波前静压的比值计算来流马赫数和总压。应用该方法时,先根据进气道出口截面处的皮托压力和静压计算出马赫数和总压分布,再通过插值得到进气道出口的马赫数和总压恢复系数分布云图。

在进气道吞入的低能流和隔离段内激波串的共同作用下,进气道出口参数均匀性较差。但对比试验结果和数值模拟结果发现,试验得到的进气道出口流场参数分布趋势与数值模拟结果基本吻合。2 mm 前缘钝化半径下低能流的厚度比1 mm 下增大约30%,而且由低能流的皮托压分布可知,其能量损失更大。由此可知,2 mm 前缘钝化半径下低能流的引入的损失太大,使得进气道的出口马赫数和总压恢复系数比 1 mm 钝化前缘半径下的结果降低很多。

表 3.4 为进气道试验中出口的气动性能参数,由于本书进气道出口为椭圆形截面,在流量计算时误差较大,所以在此只给出了进气道出口反压、马赫数、总压恢复系数和动能效率的处理结果。对比表 3.4 中进气道总体气动性能的试验结果与数值模拟结果后发现,1 mm 前缘钝化半径下的进气道性能与数值结果相当,这主要由于进气道出口截面处的静压数据点太少,采用修正处理后的静压分布带有一定的误差。而 2 mm 前缘钝化半径下的进气道出口的总压恢复系数下降较多,这除了出口截面静压数据误差较大的原因之外,还由于进气道前方低能流的厚度较大。

表 3.4　进气道出口气动性能参数

	出口反压	出口马赫数	总压恢复系数	动能效率
数值模拟	17.0	2.94	0.471	0.966 7
钝化前缘半径 1 mm	19.3	2.84	0.470	0.967 0
钝化前缘半径 2 mm	19.3	2.73	0.378	0.955 5

总的来说,本项目采用的数值模拟方法是准确可靠的;同时,这些结果也从试验角度说明本书发展的进气道设计方法是有效的。

3.2.5　试验案例: 马赫数 1.5 二元 TBCC 进气道试验

1. 试验件的选择

本次试验对象为二元可调 TBCC 进气道模型(图 3.11、图 3.12),试验模型介绍: 进气道长 1 012 mm,高 177 mm,最宽的部分为前体部分 144 mm。在 600 mm× 600 mm 风洞阻塞比为 4.1%。其中冲压出口直径 $D = 60$ mm、涡轮出口直径 $D = 50$ mm。进气道捕获面积 0.005 m²。

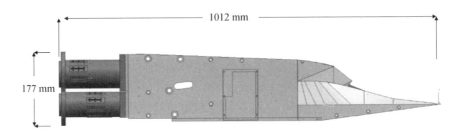

图 3.11　进气道模型 UG 示意图

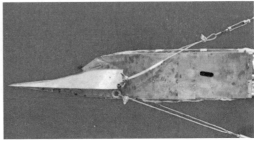

图 3.12　进气道模型实体图

2. 试验前准备

FD‑06 风洞是一座半回流暂冲式亚、跨、超声速风洞。试验段横截面尺寸为 600 mm×600 mm（图 3.13），试验段长度为 1.575 m。试验马赫数范围为 0.4～4.45，攻角范围为−15°～15°，加预偏拐接头后攻角范围可实现 0°～30°。亚、跨声速试验用声速喷管通过改变前室总压的方法可得到不同马赫数（0.4～1.2），此时试验段上、下壁为直孔壁板，其开闭比为 24.2%。超声速试验时，可通过更换二元喷管块来改变马赫数（1.53～4.45），此时试验段上、下壁为实壁。风洞两侧壁各有两个观察窗，可用于试验观察或纹影仪拍摄流场。

风洞具有自动控制和测试系统，并配有专业的数据检测处理系统。可把一次仪表（天平及各种压力、温度和角度传感器等）所感应的物理量转变成电信号，通过快速巡回检测装置直接输入计算机，对试验数据进行联机处理。

2011 年，FD‑06 风洞通过中国合格评定国家认为委员会（CNAS）和国防科技工业试验室认可委员会（DLLAC）的双重认可，对 FD‑06 风洞试验室管理水平和技术实力进行了充分地肯定，颁发了国际通行的试验室认可证书，FD‑06 风洞试验室是国内第一家通过国家试验室认可的风洞试验单位。

风洞气流参数采用霍尼韦尔（Honeywell）高精度压力传感器测量。Honeywell 压力传感器从美国引进，压力的测量精度高，为 0.05%F.S.[①]，工作性能稳定。

---

① F.S. 为 full scale 缩写，表示满量程。

稳态测压设备由 ESP－64HDDTC 测压模块(多点压力传感器,图 3.14)及 DTC 电子压力扫描阀(采集系统,图 3.15)组成。ESP－64HDDTC 测压模块量程有 0~30 psid 和 0~100 psid 两种,单个模块测压点数为 64 个。DTC 电子压力扫描阀单套系统可采集总点数为 512 点,最大采样速度 50 kHz,压力扫描器精度可达 ±0.05%F.S.,压力校准的精度可达±0.01%F.S.。风洞纹影系统见图 3.16。

图 3.13　风洞外观图

图 3.14　测压模块　　　　　　　　图 3.15　DTC 电子压力扫描阀

图 3.16　风洞纹影系统

3. 测试方案设计

1）进气道主体部分沿程压力测点分布

模型上表面共 21 个静压测点,见图 3.17,编号 X1~X21;冲压通道下壁面共计 9 个沿程静压测点,编号 C1~C9;涡轮通道上壁面共计 8 个沿程静压测点,编号 D1~D8;涡轮通道下壁面共计 7 个沿程静压测点,编号 E1~E7;进气道来流方向处共计 6 个沿程静压测点,编号 Y1~Y6;可动部件上共计 11 个沿程静压测点,编号 Y7~Y17。共计 62 个沿程静压测点。

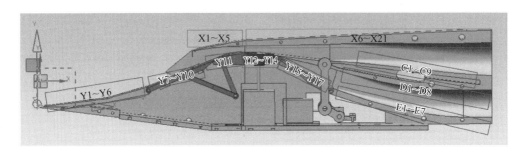

图 3.17 进气道主体部分沿程压力测点

2）冲压、涡轮通道出口测点

两等直段均采用测压耙的方式测量出口总压,每个等直段布置 8 个总压测耙,呈"米"字分布。冲压通道共计 41 个总压测点、8 个壁面静压测点、3 个动态总压测点。涡轮通道共计 33 个总压测点、8 个壁面静压测点、3 个动态总压测点。图 3.18、图 3.19 给出了总压测点的分布及命名,冲压通道为 M,涡轮通道为 N,未给

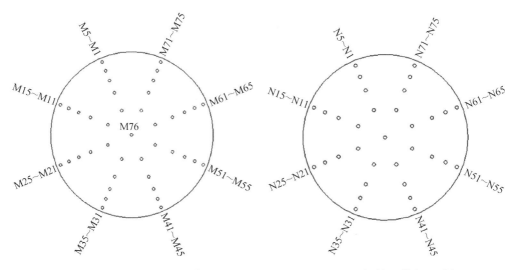

图 3.18 冲压通道出口测点   **图 3.19 涡轮通道出口测点**

出动态总压以及壁面静压测点的分布情况。

4. 试验内容及流程设计

整个风洞试验的状态如表 3.5 所示,整个试验来流马赫数为 1.5,试验件姿态为 0°攻角、0°侧滑角。

表 3.5 风洞试验状态

序号	试验项目	来流马赫数	攻角、侧滑/(°)	来流总压/Pa	来流总温/K
1				37 114	297.15
2	进气道性能测试	1.5	(0,0)	36 873	297.15
3				36 761	297.15

5. 数据处理和分析

马赫数 1.5 二元 TBCC 进气道试验只进行了 0°攻角吹风试验,马赫数 1.5 进气道纹影如图 3.20 所示。飞行马赫数为 1.5 时,第三级压缩斜板随喉道向下转动的角度较大,此处已经不产生斜激波,产生了局部微小膨胀区。外压段主要靠前两级压缩板产生的斜激波对自由来流减速增压,由于飞行马赫数减小,激波强度减弱,斜激波进一步远离唇口点,唇口溢流增多,进气道流量系数减小至 0.332(表 3.6)。分流板随水平喉道板向下转动,冲压流道分流段扩张程度减小,可以看出此时分流段扩张角较小,接近水平,结尾激波处未产生分离区,但定几何扩张流道下壁面扩张角较大,气流逆压力梯度较大,产生了局部低速区。因此出口气流参数依然呈现上部高、下部低的分布特征,出口平均马赫数较大,达到了 0.55,出口总压恢复也提升至 0.9。

图 3.20 马赫数 1.5 进气道纹影图

表 3.6 试验与 CFD 仿真结果对比

	试 验	CFD 仿真
背压/Pa	2.78	2.8
流量系数	0.332	0.269

续　表

	试　　验	CFD 仿真
出口总压恢复	0.900	0.886
出口马赫数	0.55	0.47

在马赫数为 1.5 来流条件下,喉道高度为 36.1 mm 的进气道正常起动。试验指标中仅对涡轮通道出口畸变指数以及流量比(涡轮∶冲压)做出了要求,在涡轮通道出口 2.78 倍反压,涡轮通道出口综合畸变指数为 2.66%,满足试验指标要求,进气道流量比为 2.01,满足试验指标要求。涡轮流量系数为 0.332,与 CFD 仿真结果误差为 23.42%,但是涡轮与冲压通道的流量系数和与 CFD 仿真结果误差仅为 1.08%,所以流量系数结果与 CFD 仿真结果匹配。涡轮通道的其余性能参数基本与 CFD 仿真结果匹配(图 3.21)。

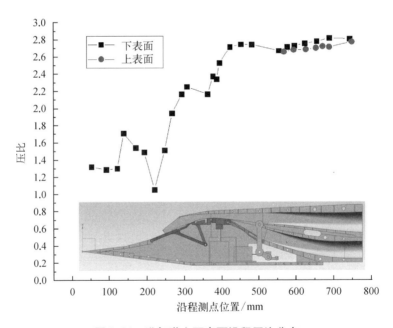

图 3.21　进气道上下表面沿程压比分布

根据进气道下表面的沿程压比分布可以清楚地判断结尾激波所处位置范围。测点 Y1~Y12 的压比图线始终保持重合,说明结尾激波并未出现在以上测点中,而测点 Y12 位于喉道截面之后,因此结尾激波还并未推至喉道。在 Y12~Y13 测点出现了压力的陡升,说明结尾激波稳定在 Y12~Y14 测点,并未冲出喉道截面。

3.3　全尺寸进气道试验

3.3.1　研究背景

缩比进气道试验可以在进气道设计过程中获得其特性参数,验证设计结果与实际试验结果的差异,并根据试验结果进行改进。一般情况下,缩比进气道试验即可满足对进气道真实特性的评估,而对于结构比较复杂的进气道,缩比试验件并不能完全还原其结构细节,常常会导致将影响进气道特性的重要结构忽略,从而导致缩比试验所获得的试验结果无法反映真实的进气道特性,造成缩比试验与真实特性的状态偏离。因此,在飞机与发动机的匹配设计中,常会采用全尺寸进气道与发动机联合试验的方式,获取进气道的主要特性,并完成进气道与发动机耦合影响的试验验证。

3.3.2　试验目的

全尺寸进气道/发动机地面联合试验目的如下:

(1)获取地面静止条件下,进气道的畸变特性和总压恢复特性;

(2)考核发动机在安装进气道条件下的稳定工作能力。

3.3.3　试验方案设计

1. 试验件的选择

全尺寸进气道与发动机联合试验,最主要的试验件是发动机和其配装的飞机机型的进气道。

试验发动机需要选择与其鉴定状态相同的发动机试验件,满足全转速全流量的功能性能要求。

飞机进气道需要选择发动机配装机型的进气道试验件,进气道需要具备实现真实飞行中所有使用条件的进气道状态,以便满足全尺寸进气道发动机联合试验的不同需求。

2. 试验前准备

开展全尺寸进气道与发动机联合试验前,需要对发动机地面台架进行适应性改造,将飞机进气道安装到发动机地面试车台架上,并在飞机进气道与发动机之间安装转接段,用于安装畸变测试装置。试验前,需要确保飞机进气道和发动机状态良好,满足试验要求。

3. 测试方案设计

1)常规测试系统

发动机的常规参数测量按照常规发动机试车中规定的测试要求执行。

2) 进气压力畸变测试

进气压力畸变测试,在进气道内设置两个测量截面:1-1 截面和气动截面(aerodynamic interface plane,AIP),进气道内各截面分布见图 3.22。

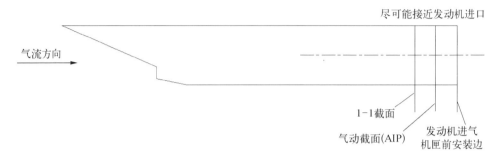

图 3.22   进气道/发动机匹配地面试验测量截面示意图

AIP 截面位于发动机进口前端面前,一般情况下截面上共布置 6 支×5 点＝30 个稳态总压测点(周向均布,径向等环面分布)、2 个进气总温 T1 测点(周向均布),见图 3.23,也可以根据需要采用 8 支×5 点＝40 个稳态总压测点的测试方案。

1-1 截面位于气动截面 AIP 截面前,在 0.9R 环面均匀布置 6 支总压脉动测量耙和 6 个壁面静压测点,总压脉动测量耙和壁面静压测点周向分布见图 3.24。

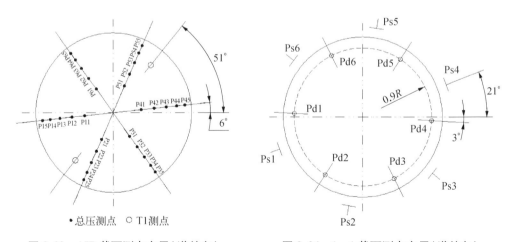

图 3.23   AIP 截面测点布局(逆航向)   **图 3.24   1-1 截面测点布局(逆航向)**

4. 试验内容设计

全尺寸进气道/发动机地面联合试验项目如下:

(1) 地面静止条件下的进气道特性试验;

(2) 发动机稳态工况试验;

（3）发动机过渡态工况试验；

（4）发动机不暖机进入大状态工况试验。

5. 试验程序设计

1）地面静止条件下进气道特性试验

地面静止条件下进气道特性试验方法如下：

（1）将进气道和发动机安装于同一试车台架，并对进气道和发动机进行预调试，使两者处于设计使用状态；

（2）根据发动机特性进行暖机，对发动机进行暖机后将油门杆置于慢车位置；

（3）逐步提高发动机转速，从慢车到最大状态工况，每间隔 5%～10% 转速停留一个台阶，每次发动机状态稳定后，工作 3 min（或约定时间，视具体发动机情况而定），前 2 min 只监控稳定性，在最后 1 min 进行所有的参数测量；

（4）完成进气道特性试验后，冷机停车；

（5）试验时，打开飞机系统引气，并按照飞机要求进行功率提取。

2）发动机稳态工况试验

稳态工况条件下发动机与进气道匹配试验方法如下：

（1）将发动机风扇、高压压气机可调叶片几何角度调整至允许使用的打开边界；

（2）进行发动机稳态工况试验。

3）发动机过渡态工况试验

过渡态工况条件下发动机与进气道匹配试验方法如下：

（1）将发动机高压压气机可调叶片几何角度调整至允许使用的打开边界；

（2）根据发动机特性进行暖机，对发动机进行暖机后将油门杆置于慢车位置；

（3）按"慢车—中间""中间—最大""最大—中间""中间—慢车""慢车—最大""最大—慢车"的方式完成发动机过渡态检查，每个状态停留 30 s，油门杆移动的时间不超过 1 s；

（4）按"中间—慢车—中间"方式完成遭遇加速；

（5）若进气道有不同使用状态，则重复步骤（2）、（3）和（4）的工作过程；

（6）试验时，打开飞机系统引气，并按照飞机要求进行功率提取；

（7）如果各过渡态操作重复 3 次都未记录下失稳或喘振，则该工况被认为可以稳定工作。

4）发动机不暖机进入大状态工况试验

进气道条件下，发动机不暖机进入大状态工况试验方法如下：

（1）将发动机高压压气机可调叶片几何角度调整至允许使用的打开边界；

（2）发动机起动后，慢车停留 3 min；

（3）慢推油门杆至发动机最大状态工况，工作 3 min（或约定时间，视具体发动机情况而定），前 2 min 只监控稳定性，在最后 1 min 进行所有的参数测量；若试验

过程中发动机出现喘振、超温、超转等现象,按发动机规定程序进行处置;

（4）试验时,打开飞机系统引气,并按照飞机要求进行功率提取;

（5）如果该项试验重复 3 次都未记录下失稳或喘振,则认为发动机不暖机进入大状态工况可以稳定工作。

6. 数据处理和分析

1）数据处理要求

压力畸变对发动机稳定性影响的主要参数为综合压力畸变指数,由稳态周向压力畸变指数和面平均紊流度构成。进气压力畸变结果是按照如下方法处理的。

（1）AIP 截面上单个测点总压恢复系数:

$$\sigma(\bar{r}, \theta): \sigma(\bar{r}, \theta) = \frac{P_{t2}(\bar{r}, \theta)}{P_{t0}} \tag{3.1}$$

式中, $\bar{r} = \dfrac{r}{r_{ti}}$ 。

（2）周向 θ 位置的径向平均总压恢复系数 $\sigma_{r.av}(\theta)$:

$$\sigma_{r.av}(\theta) = \frac{\displaystyle\int_{\bar{r}_{hu}}^{1} \sigma(\bar{r}, \theta) 2\bar{r}\mathrm{d}\bar{r}}{1 - \bar{r}_{hu}^{2}} \tag{3.2}$$

（3）低压区内平均总压恢复系数 σ_0 :

$$\sigma_0 = \frac{1}{\theta_2 - \theta_1} \int_{\theta_1}^{\theta_2} \sigma_{r.av}(\theta) \mathrm{d}\theta \tag{3.3}$$

（4）面平均总压恢复系数 σ_{av} :

$$\sigma_{av} = \frac{\displaystyle\int_{0}^{360} \sigma_{r.av}(\theta) \mathrm{d}\theta}{360} \tag{3.4}$$

（5）稳态周向畸变指数 $\Delta\bar{\sigma}_0$:

$$\Delta\bar{\sigma}_0 = 1 - \frac{\sigma_0}{\sigma_{av}} \tag{3.5}$$

（6）动态总压时均值 $\bar{P}_{t2}$:

$$\bar{P}_{t2} = \frac{1}{t_s} \int_{0}^{t_s} P_{t2}(t) \mathrm{d}t \tag{3.6}$$

（7）动态总压脉动均方根值 $(\Delta P_{t2})_{RMS}$:

$$(\Delta P_{t2})_{RMS} = \sqrt{\frac{1}{t_s} \int_{0}^{t_s} [P_{t2}(t) - \bar{P}_{t2}]^2 \mathrm{d}t} \tag{3.7}$$

（8）周向 θ 位置的紊流度 $\varepsilon(\theta)$：

$$\varepsilon(\theta) = \frac{(\Delta P_{t2})_{RMS}}{\bar{P}_{t2}} \tag{3.8}$$

（9）面平均紊流度 ε_{av}：

$$\varepsilon_{av} = \frac{1}{360}\int_0^{360} \varepsilon(\theta)\,\mathrm{d}\theta \tag{3.9}$$

（10）综合压力畸变指数 W：

$$W = \Delta\bar{\sigma}_0 + \varepsilon_{av} \tag{3.10}$$

2）数据分析要求

试验后，需完成如下数据处理及评定：

（1）发动机稳态工况 $\Delta\bar{\sigma}_0$、ε_{av}、W、σ_{av} 与 $\bar{n}_{Lc}$ 的关系曲线，即进气道特性；

（2）全尺寸进气道条件下，发动机稳态、过渡态、不暖机进入大状态工作能力。

3.3.4　试验案例

1. 某三代机飞机进气道与发动机地面联合试验介绍

某三代机飞机进气道与发动机地面联合试验，是采用我国自主研发的第三代军用涡轮风扇发动机，配装某三代飞机进气道联合搭建的试验台，是在已有常规地面发动机试车台的基础上，升级改造而成，增加真实飞机进气道后，可以模拟飞机地面静止条件下的试验工况。实景见图 3.25。

图 3.25　全尺寸进气道/发动机联合试验试车台

测试方案中,稳态总压测量采用的是 6 支×5 点的测试布局,动态总压测量采用的是 6 支×1 点的测试布局,动态测试的采用频率和信号处理方法按照 GJB/Z 224—2005《航空燃气涡轮发动机稳定性设计与评定指南》中的相关规定执行。

2. 试验结果

通过开展全尺寸进气道与发动机地面联合试验,获得了进气道不同使用状态下的畸变特性和总压恢复特性,如图 3.26 和图 3.27 所示,为进发匹配优化设计提供了数据依据。

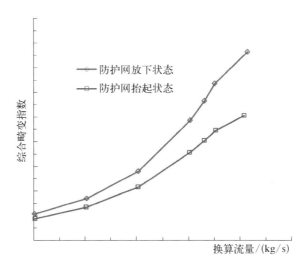

图 3.26　全尺寸进气道与发动机地面联合试验获得的进气道畸变特性

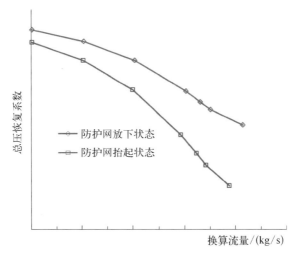

图 3.27　全尺寸进气道与发动机地面联合试验获得的进气道总压恢复特性

在全尺寸进气道条件下,发动机在稳态、过渡态条件下均可以稳定工作。同时验证了不暖机进入大状态工作的能力,裕度较差发动机存在无法正常工作的情况。

3.4 进气总压畸变模拟试验

3.4.1 研究背景

压缩系统的气动不稳定工作是发动机使用过程中经常遇到的问题之一。现代飞机的战术技术要求飞机飞行速度不断提高,并且具有非常规飞行(超大攻角或过失速飞行)和超声机动,使得进气道出口流场品质更加恶化。进气道出口流场的不均匀(总压畸变、总温畸变、组合畸变等)使发动机压缩系统的稳定裕度显著降低,进而可能造成发动机的失控、推力下降、进气道和发动机机械结构损伤、发动机超温停车等,严重影响发动机的使用安全。

国内外对压力畸变的研究出现了全尺寸试验、统计预测、缩尺模型风洞试验、计算流体力学数值模拟等诸多研究方法[3],但在现阶段,试验才是研究畸变最直接有效的手段。其中最重要的进气总压畸变试验评定技术,作为现代航空发动机战术技术要求中的适用性和可靠性的重要内容之一,已被西方先进国家列为发动机设计定型的三大评定项目之一,其涉及发动机的安装性能、稳定性、叶片及转子振动等诸多方面的问题,是获得无喘发动机的重要手段[4]。

3.4.2 试验目的

(1)获取不同畸变条件下的发动机压缩部件的工作曲线、可用稳定裕度及综合畸变指数,定量研究发动机对进气总压畸变的响应关系;

(2)确定允许的发动机进口总压畸变特性,确定畸变对压缩部件及发动机稳定性和性能影响,不断地利用试验结果修正数学模型;

(3)通过试验确定发动机临界综合畸变指数、畸变敏感系数等,为发动机稳定性评定提供数据;

(4)为进气道设计提供数据支撑,以求其具备理想的流通能力和稳定性。

3.4.3 试验方案设计

1. 试验发动机和试验装置选择

选择一台与其鉴定状态相同的满足全转速全流量的功能性能要求的发动机试验件。

发动机安装在能产生气流畸变的地面试验台上,见图 3.28。扰流板采用安装在距发动机进口三个通道直径的截面上的可移动式插板。

测量空气流量的进气道与进口连接导管对接,对接处距扰流板上游两个通道直径。

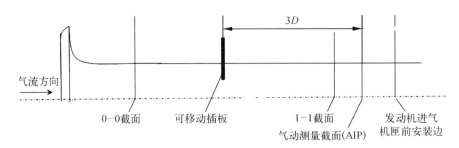

图 3.28　插板式压力畸变装置安装示意图

宜在发动机上安装监控不稳定的自动应急停车系统。此外,试验台上应装上发动机的手动应急停车系统。

2. 试验前准备

开展进气总压畸变试验前,需要对发动机地面台架进行适应性改造,将畸变发生装置连接到工艺进气道和发动机之间,并固定在地面试车台架上,按要求在相应的截面安装畸变测试装置。试验前,需要确保进气畸变发生装置和发动机工作良好,满足试验要求。

3. 测试方案设计

需要对发动机的常规参数(转子转速、涡轮后燃气温度、调节机构的位置、油门杆的位置、发动机进口燃油和滑油压力、发动机出口滑油温度等)进行测量和记录。

图 3.28 中 0 - 0 截面:进气道上总压、静压测量位置,布置总压受感部和静压受感部。

图 3.28 中 1 - 1 截面:AIP 截面前,在 $0.9R_{out}$ 环面周向均匀布置 6 支总压脉动测量耙。

图 3.28 气动截面(AIP):截面上布置 6 支×5 = 30 个稳态总压测点(周向均布,径向等环面分布),并在该截面上,布置 6 个壁面静压测点(周向均布)。

4. 试验内容设计

1) 发动机稳态工况试验

将扰流板的堵塞高度比置于 $H_u = 0$ 位置。根据发动机承制方的要求,暖机后将油门杆推到给定的工况。逐步向内移动扰流板,开始将扰流板的堵塞高度比移到 $H_u = 10\%$ 处,直至移到失稳处。每次扰流板位置固定后,发动机工作 3 min 后若发动机能稳定工作就认为是稳定工况,前 2 min 只监控稳定性,在最后 1 min 进行所有的参数测量。在扰流板的最大允许高度下记录的综合畸变指数 W 是不均匀度的极限值。

2) 发动机加速性试验

慢推油门杆,检查发动机慢车—中间—慢车的工作稳定性,之后进行慢车—中间、中间—慢车的加/减速性检查。进行发动机慢车—中间—慢车、中间—慢车—中间的遭遇加/减速工作稳定性检查。

5. 数据处理

根据记录的读数,应计算以下参数:

(1) 发动机进口空气换算流量;

(2) 扰流板堵塞高度比 $\overline{H_u}$;

(3) 发动机转子的换算转速;

(4) 稳态周向畸变指数值 $\Delta\overline{\sigma_0}$;

(5) 综合畸变指数 $W = \Delta\overline{\sigma_0} + \varepsilon_{av}$;

(6) 进气通道中的总压恢复系数 σ。

3.4.4 试验案例

1. 某型发动机进气压力总压畸变试验介绍

某型发动机进气压力总压畸变采用插板式进气总压压力畸变发生器进行试验。进气畸变装置主要由工艺进气道、发生器前连接进气管路、畸变发生器系统、发生器后连接进气管路和测试段组成。

畸变发生器系统由插板式压力畸变发生器和液压控制系统组成,能够用于全台压气机或整机试验台进行压力畸变试验,工作时通过改变插板插入深度来改变压气机或整机进口流场畸变指数;系统具有手动调节、给定目标位控制、压力畸变全自动控制以及压力畸变过渡态等控制功能;当接收到喘振监测装置信号时,系统能控制插板无条件地以最大移动速度(或指定速度)缩退到指定位置的功能。

2. 试验结果

试验结果以 $\bar{n}_{Lc} = 80\%$ 为例进行分析。

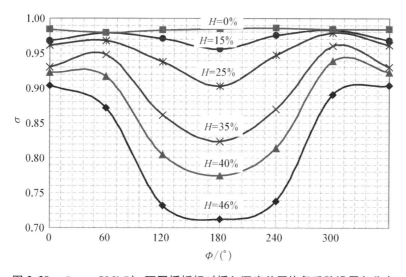

图 3.29 $\bar{n}_{Lc} = 80\%$ 时,不同插板相对插入深度总压恢复系数沿周向分布

在 $\bar{n}_{Lc} = 80\%$ 状态在 AIP 截面上总压恢复系数分布场情况见图 3.29。从图中可以看出:随着插板相对插入深度的增加,总压场不均匀度逐渐加大、压力场沿水平轴线(插板轴线方向)是基本对称的。

在选取的插板试验状态($\bar{n}_{Lc} = 80\%$),得到的扰动气流参数(σ、ε_{av}、$\Delta\sigma_0$、W)以及实际测得并已换算到标准大气条件下的发动机进口空气流量 W_{Lc} 与插板位置的关系曲线如图 3.30 所示。从图中可以看出:随着插板相对插入深度的逐渐增加,总压恢复系数 σ 和通过发动机的空气流量会降低,而扰动气流参数 ε、$\Delta\sigma_0$ 和 W 会增大。

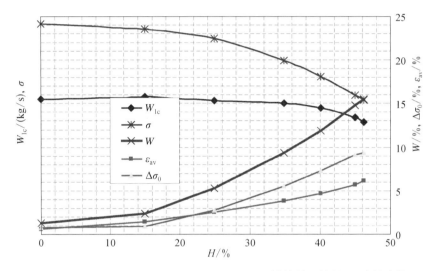

图 3.30 $\bar{n}_{Lc} = 80\%$,σ、ε_{av}、$\Delta\sigma_0$、W、W_{Lc} 随插板相对插入深度的变化

参考文献

[1] 李茜,桂丰.国外 TBCC 发动机进气道设计和试验研究综述[J].燃气涡轮试验与研究,2019,32(3): 58 - 62.

[2] 乔文友.可排除前体低能流的高超声速三维内收缩式进气道研究[D].南京: 南京航空航天大学,2015.

[3] 马燕荣,马明明,王小峰,等.某型涡扇发动机扰流板进气总压畸变研究[J].航空动力学报,2009(5): 1028 - 1034.

[4] 廉筱纯,吴虎.航空发动机原理[M].西安: 西北工业大学出版社,2005.

第4章
排气试验

4.1 概　述

  喷管是航空发动机的重要部件之一,直接影响发动机及飞机的气动、结构、重量等特性,同时也影响发动机及飞机的安全性、可靠性、维修性和成本。喷管的主要功能是将涡轮后的高温、高压燃气加速排出,从而产生发动机的推力;通过调节喷管临界截面面积来改变涡轮和喷管中燃气膨胀比的分配,以改变压气机和涡轮的共同工作点,实现发动机工作状态控制。此外,随着航空技术的发展以及飞机的需求变化,喷管的功能不断扩展,可根据需要增加其他一些特殊功能,例如:通过改变喷管的排气方向实现发动机的推力矢量功能;通过喷管的特殊设计实现降低喷流噪声、减少发动机内部噪声后传、降低发动机后向红外辐射及雷达散射的功能。喷管类型多种多样,结构形式和组成千差万别。喷管类型的选择主要取决于飞机的用途、主要飞行状态、发动机工作参数及其在飞机上布局,只有进行飞机/发动机的一体化设计,才能确保喷管选型合理,并获得最佳的安装性能。通过喷管模型试验的方法研究其工作过程中遇到的问题,在试验中记录各物理量,从而得出有意义的数据。试验测量方法所得到的试验结果比较真实可信,它是理论分析和数值方法的基础,其重要性显而易见。喷管试验一般做缩比模型模拟试验,缩比模型试验不能完全反映出真实流动状态和几何形状,但试验费用少、周期短,主要用于对比和机理研究等先期性研究工作,将缩比模型试验数据用到整机上时必须进行一定地修正。本章将对喷管设计中几类典型的试验进行举例和阐述。

  喷管典型试验类型主要包括:内流气动性能试验、内外流风洞气动性能试验、排气噪声试验、红外隐身试验、雷达隐身试验。内流试验是研究喷管内部气流流动的现象和内特性的试验,是喷管试验的基础和重要内容,一般在喷管方案设计阶段进行该项试验,主要研究内容包括推力特性及流量特性。内外流风洞试验是在风洞中同时模拟喷管内部气流流动现象和外部气流流动的试验,主要研究飞机亚声速、跨声速、超声速飞行时,喷管排出的气流与飞机后机体外部气流之间的相互干扰及对喷管有效推力的影响。

喷流噪声机理和降噪研究主要以喷管缩比模型为主,通过缩比喷管的试验研究和相似分析,得到喷管全尺寸噪声的机理特性和辐射特征。红外隐身试验主要研究:模型试验件在中波、长波波段的红外辐射光谱分布特性及空间分布特性;不同方位角下的红外辐射特性;不同红外抑制措施的实际效果。雷达隐身试验研究:喷管电磁散射特性,获得 RCS 信号特征及分布;二维、三维电磁成像诊断,锁定重点散射源;验证采取隐身措施前后 RCS 的减缩效果。

4.2　排气装置内流气动性能缩比试验

4.2.1　研究背景

随着航空发动机技术的发展,发动机功能、性能、可靠性等都得到提升,涌现出大量新技术、新装置,排气装置亦是如此,已发展出各种功能的喷管,如球面收敛喷管、塞式喷管、固定几何气动矢量喷管、S 弯喷管、混合排气式喷管、分开排气式喷管、轴对称矢量喷管、二元矢量喷管等,这些喷管各有各的功能,性能各异,需要通过试验获取相关性能数据来掌握各类型喷管的特性,同时验证设计方法与仿真软件计算结果。通过缩比试验,可以加快技术迭代、缩短研制周期,有利于掌握排气装置设计技术,不断提高技术成熟度。

对试验而言,需要不断发展和提高试验技术、试验方法、测试技术等,满足各种排气装置试验需求,获取高精度的试验数据,支撑排气装置设计,同时需要把握排气装置试验技术发展方向,跟上设计技术发展步伐,满足发动机排气系统研制需求。

排气装置内流气动性能缩比试验是研究排气系统内部气流流动现象和内流特性的试验,是排气系统试验的基础和重要内容,用于前期设计方案的验证和筛选。通过积累试验数据,为排气装置设计、改进提供依据。缩比试验一般在排气系统方案设计阶段进行。

对航空发动机排气装置,主要研究内容有推力特性、推力矢量特性和推力反向特性、流量特性、抽吸特性、速度场、波系等。

4.2.2　试验目的

排气装置内流气动性能缩比试验目的包括:

(1)测取排气装置性能数据,获取排气装置主要几何参数及进口气流参数对气动热力学特性的影响,为排气装置结构设计提供参数和性能优化依据[1];

(2)了解排气装置内流流动机理,以验证理论分析和设计计算结果的可靠性和准确性。

4.2.3 试验方案设计

1. 试验件的选择

试验件为排气装置缩比模型件,缩比比例需综合考虑缩比效果、经费、周期、试验台能力等。

排气装置内流气动性能缩比试验对试验设备的需求有:一股气流、两股气流、多股气流、热态试验、冷态试验、轴向排气、矢量排气等。

2. 试验前准备

1)文件准备

文件准备要求如下:

(1)试验任务书;

(2)试验大纲;

(3)试验卡片;

(4)试验段、仪表和受感部合格证。

2)试验段准备

试验段准备包括试验段的设计、加工、验收等,主要内容如下:

(1)根据试验任务书要求,设计、加工试验段;

(2)对试验段的完整性、加工质量等进行检验,并具有质检部门出具的合格证书;

(3)对试验件上测试开孔数目、位置、尺寸、测试管线通畅性与密封性等进行检查;

(4)对温度受感部进行通断检查;

(5)对压力受感部进行通畅性与密封性检查,并对受感部进行试装。

3)设备准备

根据试验大纲及图纸进行试验设备的准备工作,包括以下内容:

(1)按设计图纸要求,将试验段安装在试验设备上;

(2)对空气系统、燃油加温系统、冷却水系统、电气测控系统、测力系统等进行检查,确保各系统正常;

(3)配置合适量程的仪器仪表,并确认软件中仪表参数一致性。

4)试验条件

根据缩比模型试验研制目的、试验内容、试验件要求等,排气装置在预研阶段主要进行方案选型、机理研究等工作。相比全尺寸试验,缩比试验对试验条件的要求低得多,缩比后可以较小的流量就能满足试验需求,因此能源消耗少、试验费用低。但缩比试验研究的内容可以更加丰富和深入,因此往往布置的测点更多,录取的数据多,要求测试精度高、试验范围宽。根据试验状态要求,试验条件需求如下:

（1）试验场地为室内。

（2）试验介质为压缩空气,具备连续供给能力。

（3）设备要求具备空气加温能力,为模拟喷管进口状态,加温装置为燃油加温器,要求具备燃油供给能力,燃油为航空煤油。

（4）设备要求具备一定范围的落压比调节控制能力,根据高落压比要求,需要配备试验舱及抽气系统。

（5）存储试验过程所有数据。

5）试验设备

根据测量参数及试验条件需求,试验设备应具备空气连续控制供给、测量能力,具备进口加温、落压比可调、参数测量与存储能力。排气试验设备一般包括进气系统、排气系统、燃油加温系统、冷却水系统、电控系统、数采系统、测力系统、监控系统等。为了达到高落压比,通常配备试验舱,有的还配备抽气系统,排气试验设备示意图见图 4.1。

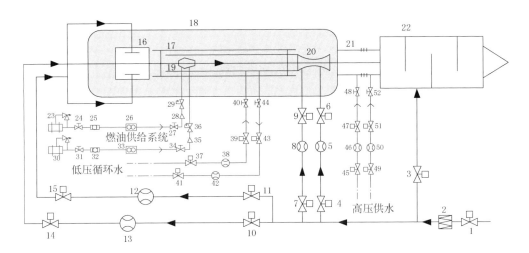

图 4.1　排气试验设备示意图

1. 总进气阀;2. 空气过滤器;3. 放气阀;4、6、7、9、10、11、14、15. 流量调节阀;5、8、12、13. 流量测量装置;
16. 进气密封装置;17. 测力天平;18. 试验舱;19. 加温装置;20. 试验件;21. 排气筒;22. 排气消声塔;
23、30. 燃油泵;24、27、31、34. 手动阀;25、32. 滤油器;26、33. 燃油流量计;28、35. 止回阀;29、36. 电磁阀;
37、39、41、43. 低压供水阀;38、42、46、50. 水流量计;40、44、48、52. 手动阀;45、47、49、51. 高压供水阀

（1）进气系统。

进气系统用于将气源来气引入试验管道,并对来气实施流量、压力、温度测量和控制,使之满足试验状态要求。一般包括阀门、进气过滤装置、膨胀节、支架、流量测量装置、压力温度测点等。流量测量装置有孔板、ISA1932 喷嘴、长颈喷嘴、文丘里喷嘴、文丘里管、涡街流量计、涡轮流量计、热式气体质量流量

计等。根据不同排气装置,试验设备需具备多股进气能力,以适应多股气流供给需求。

（2）排气系统。

排气系统用于收集排气,并对排气进行降温、降速、降噪处理,使其符合环保要求再排到大气中。根据排气温度,排气系统一般配备喷水装置及高温热防护措施。

（3）燃油加温系统。

燃油加温系统用于加热空气,使之满足排气装置进口温度要求,具备进气温度测量及控制功能。包括燃油供给系统与加温装置,燃油供给系统应具备燃油流量、压力测量与控制功能。加温装置包括旋流器、燃油喷嘴、火焰筒、点火电嘴、点火装置等,燃油经过喷嘴雾化后被点火电嘴点燃,在火焰筒内燃烧,从而将来流空气加热。

（4）冷却水系统。

冷却水系统用于为设备提供冷却循环水及喷淋水,保障设备安全可靠运行,具备水流量、压力测量调节功能,喷淋水由排气系统中的喷水装置产生。

（5）电控系统。

电控系统用于给用电设备供电,并对用电设备实施控制。

（6）数采系统。

数采系统用于采集测量参数信号,并进行传输、转换、处理,显示在屏幕上,具备存储、回放功能。

（7）测力系统。

测力系统用于测量排气装置的矢量推力,包括进气装置、测力台架、测力管道等。

a）进气装置。

进气装置的连接方式有密封连接方式与软连接方式。在一般的喷管试验设备中,为了实现喷管试验件的推力测量,需要将管道及试验件安装在测力装置上,安装在测力装置上的管道与设备供气管的连接方式是整个测力系统的关键,它关系到测力的成败。按进气方式,有径向进气及轴向进气方式,为了消除气动力的影响,通常采用径向进气方式,径向进气方式通常有软连接及密封连接两种。软连接方式优点是无气体泄漏,但软连接会带来弹性力的干扰,且无法准确测量,对测力精度影响较大,特别是大流量进气要求下,管径也相应变大,软连接变得不可用。软连接既要考虑压力温度对强度的影响,又要考虑"软"的要求,即柔韧性,要求弹性力尽可能地小。值得注意的是,软连接管内介质压力不同时,弹性系数也不同,更增加弹性力的评估难度。密封连接方式优点是无干扰力影响,但会带来气体泄漏问题,相比软连接方案,密封连接方式可设计得更加紧凑、简单,对测力的干扰更小,且密封带来的泄漏量可通过其他方法进行测量标定,因此,一般喷管试验设备的进气装置采用密封连接方式。

密封连接方式。根据不同试验要求,设备需具备内外涵供气能力,考虑到试验件进口要有足够长的平直段,以及侧向供气会带来测力干扰等因素,进气密封装置采用内外涵同轴供气方式,同轴供气可解决以上两个问题。密封形式采用非接触单边篦齿密封副,密封装置内部采用径向对称供气方式,理想情况下,由于相互抵消,单边与对称结构对轴向力、偏航力、俯仰力均无附加气动力影响。若内外涵均采用径向进气方式,则会存在四道密封,这对保持合适间隙及流量测量均不利。考虑安装及现场操作,内涵与外涵的密封副相隔不会太近,相隔越远,对保持间隙的要求就越高,这允许测力台架与测力管道在受到矢量力时发生的空间位移很小,这要求测力台架的挠性件刚性很强,不能轻易发生形变,这是违背测力台架挠性件的设计要求的,挠性件要求尽量柔软以减少对测力的干扰。基于以上考虑,内涵采用轴向供气方式,外涵采用径向对称供气方式。两者整合为一个进气密封装置,且只有三道密封,对轴向供气带来的轴向气动力问题,可采取压力修正方法消除。

篦齿密封存在一定的泄漏量,而且每次安装调整之后泄漏量都会发生变化,泄漏量与压差、温度、面积有关,可通过流量标定来获得它们的关系。篦齿密封结构简单,没有附加的力,但加工、安装、调整均有一定难度,并且还要求进气不能有超过间隙尺寸的硬杂质存在,防止杂质将间隙卡死,以致无法进行测力,因此进气要有过滤装置。

软连接方式。采用软连接方式,测力台架与测力管道的形变位移将由供气软管形变吸收。软连接方式通常采用径向对称供气方式,软连接优点是不存在泄漏问题,流量测量更准确。缺点是存在干扰力,且很难定量计算,很有可能导致测力失败。柔性管存在两方面问题。一是在静态校准时,测力管道发生位移,柔性件发生变形,产生弹性力,根据以往经验,弹性力会导致测力台架校准重复性精度降低,使台架校准公式存在偏差。试验通气时,由于柔性管内压力变化,柔性管刚度会发生变化,同时气流温度使柔性管温度升高,会导致弹性系数发生变化,从而弹性力也发生变化,即通气时与静态校准时,柔性管状态不一致,产生的弹性力也不一致,静态校准公式将存在较大偏差。二是即使柔性管左右对称布置,理论上,干扰力可以相互抵消,但当有矢量力时,测力管道要产生侧向位移,此时柔性管对侧向力(俯仰力与偏航力)的影响将不是对称的,不能抵消,反而产生的弹性干扰力十分明显。

b) 测力台架。

测力台架通常有三分力、四分力、六分力台架,测力台架上安装有测力传感器,可测量各向受力,通过力的合成,可得到喷管矢量推力的大小、方向、作用点。测力台架由动架、静架、挠性件、测力传感器组成。顾名思义,动架是可以移动的架子,静架是不可移动的架子,动架与静架通过测力组件连接在一起,挠性件与测力传感器合称为测力组件,动架与测力管道连接在一起,试验时,喷管产生的推力传给测力管道、测力管道传给动架,动架受力发生位移,但由于受到测力组件的限制,移动的距离有限,通常为毫米级。测力组件受力,测力传感器受到外力作用后,内部的弹性体发生形变,粘贴在弹性体的应变片随之产生形变引起电阻变化,电阻变化使组成的惠斯登电桥失去平衡输出一个与外力成线性正比变化的电压信号,通过标定获得力与电压的关系,从而可在使用时根据实测的电压计算出力值。

目前国内航空发动机喷管部件试验台多采用六分力台架测量矢量推力。六分力试验台的核心思想是把发动机和动架作为一个刚体,通过约束动架 6 个自由度来求得发动机的推力矢量。根据 6 个传感器测得的 6 个分力(1 个主推力和 5 个侧向力),可得到发动机推力矢量在直角坐标系中的 6 个分量(3 个方向的力分量和 3 个方向的力矩分量),利用刚体平衡原理,通过力的合成,可以得到发动机的推力矢量。卧式六分力试验台示意图见图 4.2。

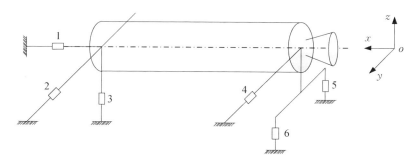

图 4.2　卧式六分力试验台示意图

喷管部件矢量推力试验流程: 试验前先进行测力台架静态校准,获得台架校准公式;进行试验,测取矢量推力数据;根据校准公式,通过解耦和气动修正方法剔除干扰,计算得到实际矢量推力。

由于传感器挠性组合件的互扰,需要对测得的数据进行解耦才能求得喷管的推力矢量。参照 GJB 2244A - 2011《风洞应变天平规范》,存在耦合时,各分量的输出信号是 6 个预测载荷分量的函数,非线性干扰项包括一次干扰项、二次干扰项和交叉干扰项,可得式(4.1):

$$F_i = k_i \cdot f_i + \sum_{\substack{j=1 \\ j \neq i}}^{6} k_{ji} \cdot f_j + k_{i2} \cdot f_i^2 + \sum_{\substack{j=1 \\ j \neq i}}^{6} k_{ji2} \cdot f_j^2 + \sum_{l \neq m \neq i}^{6} k_{lmi} \cdot f_1 \cdot f_m \qquad (4.1)$$

式中，F_i、F_j 为 i、j 分量的标准力，取值为 $(F_1, F_2, F_3, F_4, F_5)$；$f_i$、$f_j$ 为 i、j 分量的传感器测得力；取值为 $(f_1, f_2, f_3, f_4, f_5, f_6)$；$k_i$ 为 i 分量的主系数；k_{ji} 为 j 分量对 i 分量的一次干扰系数；k_{i2} 为 i 分量的二次项系数；k_{ji2} 为 j 分量对 i 分量的二次干扰系数；k_{lmi} 为 l 分量和 m 分量对 i 分量的交叉干扰系数。

测力台架静态校准。测力台架校准的目的是求得作用力与输出电压之间的函数关系，获得可以用于试验的台架计算公式。测力台架静态校准时，按照加载方式和数据处理方法的不同，可以分为单元校准和多元校准。单元校准是用单元加载的方式来确定台架的校准公式。它是对台架各分量分别单独加载，同时，其他分量为零或某一常值，然后根据各分量的输出信号与载荷的相应关系求得测力台架的校准公式。多元校准是用多元组合加载的方法来确定台架校准公式。在台架校准时，对台架各分量以不同的组合方式同时施加载荷来求得台架校准公式。与单元校准相比较，多元校准更能真实地模拟台架工作状态。

测力台架动态校准。台架和测力系统静态校准合格后，还要进行动态校准，采用标准喷管作为试验件，在喷管部件试验器上进行试验，比较标准数据与测得数据，计算出动态测力精度。

推力计算[2]。推力的计算与测力装置的布局有关，不同的布局有不同的计算方法，但原理是相同的，以原位校准的六分量测力台架为例说明力的计算，各分力布置如图 4.3 所示。图中 x 轴指向航向；$F_1 \sim F_6$ 为测力单元；f_x、f_3、f_4、$f_{(5+6)}$ 为校准单元。

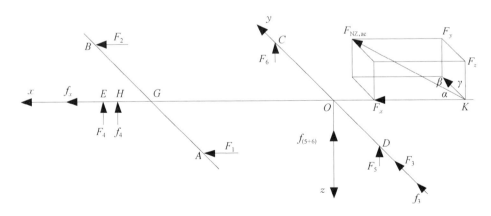

图 4.3　六分力台架原理图

根据力的空间平衡关系列出力和力矩方程，见式（4.2）~式（4.6）：

$$F_x + F_1 + F_2 = 0 \tag{4.2}$$

$$F_y + F_3 = 0 \tag{4.3}$$

$$F_z + F_4 + F_5 + F_6 = 0 \tag{4.4}$$

$$F_y \cdot |OK| + F_1 \cdot |GA| + F_2 \cdot |GB| = 0 \tag{4.5}$$

$$F_z \cdot |OK| + F_4 \cdot |OE| = 0 \tag{4.6}$$

式中,OK、GA、GB、OE 为力臂;K 点即为矢量力 $F_{NZ,ac}$ 作用点。喷管实际推力 $F_{NZ,ac}$ 与坐标轴 x、y、z 的夹角分别为 α、β、γ,见公式(4.7)~公式(4.10):

$$F_{NZ,ac} = \sqrt{F_x^2 + F_y^2 + F_z^2} \tag{4.7}$$

$$\alpha = \arccos\left(\frac{|F_x|}{F_{NZ,ac}}\right) \tag{4.8}$$

$$\beta = \arccos\left(\frac{|F_y|}{F_{NZ,ac}}\right) \tag{4.9}$$

$$\gamma = \arccos\left(\frac{|F_z|}{F_{NZ,ac}}\right) \tag{4.10}$$

c) 测力管道。

测力管道是安装在测力台架动架上的一段平直管道,前端连接进气装置,将来气引入,后端连接试验件进口,为试验件供气,起整流、稳压作用。

(8) 监控系统。

监控系统用于实时监控试验过程,方便用户了解现场情况、及时发现问题,保障试验安全进行。

(9) 试验舱。

试验舱用于营造低压环境。试验时,关闭试验舱,通过喷流自引射或引射器主动引射方式,抽吸试验舱,使舱压为负压,从而达到高落压比。通过这种方式可以较低进口总压达到较高落压比,可以节省能源、降低设备运行风险,在相同的气源条件下,可以扩充落压比试验范围。

(10) 抽气系统。

通常与试验舱组合使用,通过抽吸排气,使试验舱达到负压,抽气装置一般有抽气机、引射器等。

3. 测试方案设计

1) 测量参数

试验中需要测量的参数包括试验件参数和试验设备参数,试验件的测量参数由试验目的和内容决定。

　　试验件常规测量参数：进口总压、落压比、进口总温、壁面静压、出口总压、出口总温、出口静压、推力、流量等(计算参数：偏转角、总压恢复系数、速度系数、流量系数、推力系数等)。

　　试验件流场测量参数：出口速度场、波系等。

　　试验设备测量参数：参与运行的各系统参数。

　　进气系统测量参数：进气压力、环境压力、进气温度、进气流量、流量计压力、温度等。

　　排气系统测量参数：排气温度,主要针对热态试验。

　　燃油加温系统测量参数：来油压力、油泵出口压力、加温器供油压力、供油流量、供油温度、加温器出口温度等。

　　水系统测量参数：来水压力、水泵出口压力、供水压力、供水温度、供水流量等。

　　测力系统测量参数：各测力传感器输出信号及力值、进气锥面压力、篦齿环隙压力。

　　试验舱测量参数：舱压、舱温。

　　2) 测试方案

　　(1) 常规测试。

　　测试方案是根据试验任务需求制定的,目的是满足试验测试要求,获得各参数数据。制定测试方案前,首先要分解测试要求,如测试项目、测点数、测试精度等,然后结合试验器能力制定具体方案。测试参数由接触被测介质的测试受感部或传感器测取,测取的数据经由数据采集设备转换、处理、输出,最后显示、存储在计算机上。测试系统组成原理图见图4.4。

　　参数测量方案如下。

　　a) 进口总压：总压采用基于皮托管的原理测量;测点数根据需求设定,各测点按照等环面或等距布置;

　　b) 进口温度：采用热电偶、温度变送器、铂电阻等测量;测点数根据需求设定,各测点按照等环面或等

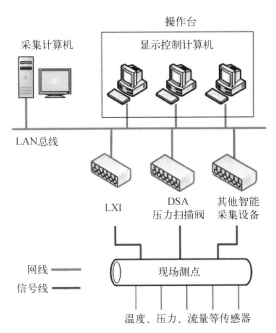

图4.4　测试系统组成原理图

距布置;

　　c)壁面压力:通常在壁面上开静压孔,通过测试管将压力引出,最后连接到测量设备上进行测量;

　　d)出口总压、静压:通常采用压力受感部测量,测点数根据需求设定,测点按照等环面或等距布置;有的还采用位移机构驱动受感部进行扫描式测量,这样可获得更多数据;

　　e)环境压力:采用大气压力计测量;

　　f)进口空气流量:通常采用的流量装置有标准孔板、ISA1932 喷嘴、长颈喷嘴、文丘里喷嘴、文丘里管、热式气体流量计、涡街流量计等;

　　g)喷管推力:通常采用三分力、四分力、六分力台架测量;

　　h)燃油流量:通常采用质量流量计、涡流流量计测量;

　　i)燃油压力:通常采用压力变送器、压力传感器测量;

　　j)燃油温度:通常采用温度变送器、温度传感器、铂电阻等测量;

　　k)供水压力:通常采用压力变送器、压力传感器测量;

　　l)供水温度:通常采用温度变送器、温度传感器、铂电阻等测量;

　　m)空气压力通常由压力扫描阀、压力变送器等采集测量;

　　n)压力变送器输出为电流或电压信号,通过数采设备将电信号转化为压力值;

　　o)涡轮流量计输出频率信号(或电流、电压信号)、质量流量计输出电流信号,所有电信号均由数采设备进行采集、转换、输出。

　　(2)流场测试。

　　喷管出口速度场:测量方法有激光多普勒测速法(laser Doppler velocimetry, LDV)、激光粒子图像测速法(PIV、V3V)、多普勒全局速度成像法(Doppler global velocimetry, DGV)、相位多普勒测速法(phase Doppler analysis, PDA)等。

　　喷管出口波系:测量方法有纹影法、阴影法、干涉法和 X 射线吸收法等。

　　4. 试验内容设计

　　排气装置内流气动性能缩比试验遵循相似准则及射流模拟。在排气装置模型试验中,要做到与排气装置有关的几何参数相似。射流模拟主要是指部件的工作状态要相同,如在排气装置试验中,排气装置的落压比,气流绝热指数,气流的股数等应和实际喷管的工况一样。排气装置内流气动性能缩比试验主要模拟试验件进口落压比(或压力或流量)及温度。

　　如前所述,排气装置缩比模型试验在预研阶段主要进行方案选型、机理研究等工作。需要研究不同试验件方案、不同试验状态的性能。试验项目包括推力特性、流量特性、总压恢复系数、速度系数、偏转特性、抽吸特性、混合效率、混合总压损失、冷却特性、反推效率、喷口速度场、喷口波系等。

5. 试验程序设计(包括试验流程)

排气装置内流气动性能缩比试验工作包括：确定试验任务、制定试验方案、试验准备、试验、编制试验报告，试验流程见图 4.5。

图 4.5　排气装置内流气动性能缩比试验流程

6. 数据处理和分析[3]

1) 总压恢复系数 σ

出口平均总压与进口平均总压之比，表达式如下：

$$\sigma = \frac{P_{te}}{P_{ti}} \tag{4.11}$$

式中，P_{te} 为喷管出口平均总压；P_{ti} 为喷管进口平均总压。

由公式(4.11)可知，总压恢复系数由进出口的平均总压决定，进口平均总压与测点布局、测点数、平均值计算方法、测量精度等有关，出口总压还与探针风洞校准精度、数据处理方法有关。平均值的计算方法有算术平均、面积加权平均、质量加权平均等。总压系数与喷管结构型面如收敛角、扩张角、壁面粗糙度等有关，同时还与试验状态有关。

(1) 算术平均值。

算术平均值按公式(4.12)计算：

$$x_{av} = \frac{1}{n} \sum_{i=1}^{n} x_i \tag{4.12}$$

(2) 面积加权平均值。

面积加权平均值按公式(4.13)计算：

$$x_{av} = \frac{\sum_{i=1}^{n} A_i x_i}{\sum_{i=1}^{n} A_i} \tag{4.13}$$

（3）质量加权平均值。

质量加权平均值按公式（4.14）计算：

$$x_{av} = \frac{\sum\limits_{i=1}^{n} q_{mi} x_i}{\sum\limits_{i=1}^{n} q_{mi}} \tag{4.14}$$

式中，x_{av} 为算术平均值；x_i 为第 i 点参数值；A_i 为测点所在的环面积，m^2；q_{mi} 为第 i 点流量，kg/s。

2）速度系数 ϕ

喷管出口实际速度与等熵速度之比。出口实际速度由出口总压、静压、总温等计算得到；等熵速度指气体在无摩擦喷管中膨胀至同样的最终压强所达到的速度。见公式（4.15）~公式（4.17）[4]：

$$\phi = \frac{V_e}{V_e'} \tag{4.15}$$

$$V_e = \sqrt{\frac{2k}{k-1} R T_{te} \left[1 - \left(\frac{p_{se}}{P_{te}} \right)^{\frac{k-1}{k}} \right]} \tag{4.16}$$

$$V_e' = \sqrt{\frac{2k}{k-1} R T_{ti} \left[1 - \left(\frac{p_{se}}{P_{ti}} \right)^{\frac{k-1}{k}} \right]} \tag{4.17}$$

式中，p_{se} 为喷管出口静压；T_{ti} 为喷管进口总温；P_{te} 为喷管出口总压；P_{ti} 为喷管进口总压。

速度系数代表着由摩擦所引起的附面层动量损失的影响，因为它与喷管内摩擦损失有关，所以它是喷管表面积、雷诺数、马赫数等的函数。一般雷诺数的影响较小，而马赫数又是喷管几何参数的函数，所以速度系数也可表示为喷管扩张角和面积比的关系。

3）流量系数 ψ

实测流量与理想流量之比。亚临界时，理想流量由喷管的进口总压、进口总温与喷管的出口静压计算得到。临界和超临界时，喉道速度系数等于 1，见公式（4.18）、公式（4.19）：

$$\psi = \frac{W_{ac}}{W_{id}} \tag{4.18}$$

$$W_{id} = KA \frac{P_{ti}}{\sqrt{T_{ti}}} q(\lambda) \tag{4.19}$$

式中，K 为常数，$K = \sqrt{\dfrac{k}{R}\left(\dfrac{2}{k+1}\right)^{\frac{k+1}{k-1}}}$，其中 k 为绝热指数；A 为喷管喉道几何面积；P_{ti} 为喷管进口总压；T_{ti} 为喷管进口总温；$q(\lambda)$ 为密流函数；W_{ac} 为喷管实际流量；W_{id} 为喷管理想流量。

对收缩喷管，影响流量系数主要有三个因素：① 非等熵流效应；② 附面层厚度引起流道切面的堵塞；③ 三维流效应。在"实际堵塞落压比"之前，流量系数随着落压比逐渐增大，达到"实际堵塞落压比"后不再变化。随着气流落压比的增大，喷管出口声速线向喷管出口切面逼近，到某一落压比后，声速线的形状和位置便固定不变，这一落压比就是所谓的"实际堵塞"落压比。它不同于一维等熵流中的"堵塞"落压比，这种差异是实际流动中多维效应带来的结果。

对收扩喷管，流量系数与收敛喷管的流量系数变化规律有些差异。在低于临界落压比时，喉道处仍达到声速，所以流量系数维持为常数。

4）推力系数 C_F

喷管的实际推力与理想推力之比。喷管的理想推力等于实际流量和理想速度的积，此处的理想速度为完全膨胀速度，见公式（4.20）~（4.23）：

$$C_F = \frac{F_{NZ,ac}}{F_{NZ,id}} \tag{4.20}$$

$$F_{NZ,ac} = \sqrt{F_X^2 + F_Y^2 + F_Z^2} \tag{4.21}$$

$$F_{NZ,id} = W_{ac} V_{id} \tag{4.22}$$

$$V_{id} = \sqrt{\frac{2k}{k-1} R T_{ti}\left[1 - \left(\frac{p_b}{P_{ti}}\right)^{\frac{k-1}{k}}\right]} \tag{4.23}$$

式中，$F_{NZ,ac}$ 为测力台架所测喷管推力，W_{ac} 为实测喷管流量；V_{id} 为理想速度，指等熵完全膨胀到喷管所处环境压力时对应的气流速度；T_{ti} 为喷管进口总温；p_b 为环境静压；P_{ti} 为喷管进口总压。

对收敛喷管，当落压比低于或等于临界落压比时，由于气流完全膨胀，推力系数达到最高值，但恒小于 1，当落压比大于临界落压比时，气流处于不完全膨胀状态，因此推力系数下降，且随着落压比的增加而降低，这是由于不完全膨胀程度不断增大，不完全膨胀损失不断增大。

对收扩喷管，影响推力系数的因素有：① 壁面摩擦损失；② 喷管出口压力与外界外压不匹配带来的膨胀损失;③ 径向流动带来的发散损失。

5)气动偏转角

喷管实际推力 $F_{NZ,ac}$ 与坐标轴 x、y、z 的夹角分别为 α、β、γ,见公式(4.8)~(4.10)。

7. 误差分析

1)压力测量误差计算

根据试验器测量设备压力通道精度 δp_e、仪表校准精度 δp_a,确定压力测量精度 δp,见公式(4.24):

$$\delta p = \pm \sqrt{(\delta p_a)^2 + (\delta p_e)^2} \tag{4.24}$$

2)温度测量误差计算

根据试验器测量设备温度通道精度 δt_e、仪表校准精度 δt_a,确定温度测量精度 δt,见公式(4.25):

$$\delta t = \pm \sqrt{(\delta t_a)^2 + (\delta t_e)^2} \tag{4.25}$$

3)标准孔板测量误差计算[5]

孔板具有测量稳定性好、体积小、结构简单、容易制造、造价低、更换与安装方便、应用范围广、有大量的试验数据支持等优点,试验设备采用孔板作为空气流量测量装置的情况较多,因此对孔板测量开展误差分析。

由于流量参数是标准孔板直径、测量截面管径、测量截面温度和孔板前静压及孔板前后静压差的函数,因此,流量参数的校准可以分解为压力、温度和直径三个分系统的校准。参考 GB/T 2624 - 2006《流量测量节流装置用孔板、喷嘴和文丘里管测量充满圆管的流体流量》。即使完全符合标准节流装置制造、安装和使用方面的要求,但由于流量公式中各项参数的测量都存在一定的误差,所以根据它们计算得到的流量值必然也存在一定的误差。在工业测量中,可以认为流量公式中各参数为彼此独立的量,并考虑 C(流出系数)对 β[直径比,定义:一次装置节流孔(或喉部)的直径与一次装置上游测量管道的内径之比]的依存关系而引入 D 值测量误差的影响,通过间接测量值的误差传递定律,可求得流量值相对误差,见公式(4.26):

$$\frac{\delta q_m}{q_m} = \pm \left[\left(\frac{\delta C}{C} \right)^2 + \left(\frac{\delta \varepsilon}{\varepsilon} \right)^2 + \left(\frac{2\beta^4}{1-\beta^4} \right)^2 \left(\frac{\delta D}{D} \right)^2 + \left(\frac{2}{1-\beta^4} \right)^2 \left(\frac{\delta d}{d} \right)^2 \right. $$
$$\left. + \frac{1}{4} \left(\frac{\delta \Delta p}{\Delta p} \right)^2 + \frac{1}{4} \left(\frac{\delta \rho_1}{\rho_1} \right)^2 \right]^{\frac{1}{2}} \tag{4.26}$$

式中所有的误差的置信概率均为 95%。

（1）流出系数误差 $\dfrac{\delta C}{C}$。

若 β、D、Re_D 和 K_s/D 是已知的且无误差，则 C 值的百分率误差 $\dfrac{\delta C}{C}$（概率为 95%）：

$\beta \leqslant 0.6$ 时，$\dfrac{\delta C}{C} = 0.6\%$；

$0.6 < \beta \leqslant 0.75$ 时，$\dfrac{\delta C}{C} = \beta\%$。

（2）流束膨胀系数的误差 $\dfrac{\delta \varepsilon}{\varepsilon}$。

若 β、$\dfrac{\Delta p}{p_1}$ 和 κ 是已知的且无误差，则标准孔板 ε 值的百分率误差 $\dfrac{\delta \varepsilon}{\varepsilon}$（概率 95%）为 $\dfrac{4\Delta p}{p_1}\%$。

（3）节流件孔径的误差 $\dfrac{\delta d}{d}$。

它是与量器的误差、λ_d 值误差和工作温度 t 值误差有关。当节流件工作在设计工作温度时，此项误差主要取决于量器的误差，一般在按标准规定的方法实测的情况下，$\dfrac{\delta d}{d}$ 在 ±0.1% 范围。

（4）管径的误差 $\dfrac{\delta D}{D}$。

其影响因素与 $\dfrac{\delta d}{d}$ 相同，在按标准规定实测的情况下，$\dfrac{\delta D}{D}$ 可估计为 ±0.2%，若所用的 D 为管径的公称值，则 $\dfrac{\delta D}{D}$ 可达 ±(2~3)% 或更大范围。

（5）密度值的误差 $\dfrac{\delta \rho_1}{\rho_1}$。

a）喷管实际推力相对误差。

喷管实际推力相对误差按公式（4.27）计算：

$$\delta F_{NZ,\,ac} = \frac{\Delta F_{NZ,\,ac}}{F_{NZ,\,ac}} = \pm \frac{\sqrt{F_x^2(\Delta F_x)^2 + F_y^2(\Delta F_y)^2 + F_z^2(\Delta F_z)^2}}{F_x^2 + F_y^2 + F_z^2} \tag{4.27}$$

式中，$\Delta F_{NZ,\,ac}$ 为喷管实际推力绝对误差。

b）喷管理想推力相对误差。

喷管理想推力相对误差按公式（4.28）计算：

$$\delta F_{\text{NZ, id}} = \pm \frac{\Delta F_{\text{NZ, id}}}{F_{\text{NZ, id}}} = \pm \sqrt{(\delta W_{\text{ac}})^2 + (\delta V_{\text{id}})^2} \tag{4.28}$$

式中，$\delta F_{\text{NZ, id}}$ 为喷管理想推力相对误差；$\Delta F_{\text{NZ, id}}$ 为喷管理想推力绝对误差；δW_{ac} 为喷管实际流量相对误差；δV_{id} 为喷管理想速度相对误差。

c）矢量角相对误差。

矢量角相对误差按公式（4.29）~式（4.31）计算：

$$\delta\alpha = \frac{\Delta\alpha}{\alpha} = \pm \frac{1}{\alpha} \cdot \frac{1}{F_{\text{NZ, ac}}} \cdot \sqrt{\frac{F_{\text{NZ, ac}}^2 \cdot (\Delta F_x)^2 + F_x^2 \cdot (\Delta F_{\text{NZ, ac}})^2}{F_{\text{NZ, ac}}^2 - F_x^2}} \tag{4.29}$$

$$\delta\beta = \frac{\Delta\beta}{\beta} = \pm \frac{1}{\beta} \cdot \frac{1}{F_{\text{NZ, ac}}} \sqrt{\frac{F_{\text{NZ, ac}}^2 \cdot (\Delta F_y)^2 + F_y^2 \cdot (\Delta F_{\text{NZ, ac}})^2}{F_{\text{NZ, ac}}^2 - F_y^2}} \tag{4.30}$$

$$\delta\gamma = \frac{\Delta\gamma}{\gamma} = \pm \frac{1}{\gamma} \cdot \frac{1}{F_{\text{NZ, ac}}} \sqrt{\frac{F_{\text{NZ, ac}}^2 \cdot (\Delta F_z)^2 + F_z^2 \cdot (\Delta F_{\text{NZ, ac}})^2}{F_{\text{NZ, ac}}^2 - F_z^2}} \tag{4.31}$$

式中，$\delta\alpha$ 为推力与 x 轴夹角的相对误差；$\Delta\alpha$ 为推力与 x 轴夹角的绝对误差；$\delta\beta$ 为推力与 y 轴夹角的相对误差；$\Delta\beta$ 为推力与 y 轴夹角的绝对误差；$\delta\gamma$ 为推力与 z 轴夹角的相对误差；$\Delta\gamma$ 为推力与 z 轴夹角的绝对误差。

d）总压恢复系数相对误差。

总压恢复系数相对误差按公式（4.32）计算：

$$\delta\sigma = \pm \frac{\Delta\sigma}{\sigma} = \pm \sqrt{(\delta p_{\text{te}})^2 + (\delta p_{\text{ti}})^2} \tag{4.32}$$

式中，$\delta\sigma$ 为总压恢复系数相对误差；$\Delta\sigma$ 为总压恢复系数绝对误差；δp_{te} 为出口平均总压相对误差；δp_{ti} 为进口平均总压相对误差。

e）速度系数相对误差。

速度系数相对误差按公式（4.33）计算：

$$\delta\varphi = \pm \frac{\Delta\varphi}{\varphi} = \pm \sqrt{(\delta V_e)^2 + (\delta V_e')^2} \tag{4.33}$$

式中，$\delta\varphi$ 为速度系数相对误差；$\Delta\varphi$ 为速度系数绝对误差；δV_e 为喷管出口实际速度相对误差；$\delta V_e'$ 为喷管出口理想速度相对误差。

f) 流量系数相对误差。

流量系数相对误差按公式(4.34)计算:

$$\delta\psi = \pm\frac{\Delta\psi}{\psi} = \pm\sqrt{(\delta W_{ac})^2 + (\delta W_{id})^2} \qquad (4.34)$$

式中,$\delta\psi$ 为流量系数相对误差;$\Delta\psi$ 为流量系数绝对误差;δW_{ac} 为喷管实际流量相对误差;δW_{id} 为喷管理想流量相对误差。

g) 推力系数相对误差。

推力系数相对误差按公式(4.35)计算:

$$\delta C_F = \pm\frac{\Delta C_F}{C_F} = \pm\sqrt{(\delta F_{NZ,\,ac})^2 + (\delta F_{NZ,\,id})^2} \qquad (4.35)$$

式中,δC_F 为推力系数相对误差;ΔC_F 为推力系数绝对误差;$\delta F_{NZ,\,ac}$ 为喷管实际推力相对误差;$\delta F_{NZ,\,id}$ 为喷管理想推力相对误差。

8. 试验结果

试验完成后需给出任务书要求的所有数据、特性参数、相应的图和表格。试验结果包括:

(1) 喷管推力系数随着落压比的变化曲线;

(2) 喷管流量系数随着落压比的变化曲线;

(3) 喷管速度系数随着落压比的变化曲线;

(4) 喷管总压恢复系数随着落压比的变化曲线;

(5) 喷管壁面静压随落压比的变化曲线;

(6) 喷管矢量偏转角。

4.2.4 试验案例

1. 某塞式喷管试验

某塞式轴对称矢量喷管试验件采用 1 : 4 的缩比模型,试验件共 2 组,分别对应两种方案的中间状态和最大状态。试验件图片见图 4.6,性能参数曲线见图 4.7~图 4.9。

2. 某球面收敛喷管试验

某球面收敛喷管试验件采用了 1 : 4 的缩比模型,试验件见图 4.10,特性曲线见图 4.11、图 4.12。

3. 某固定几何气动喷管试验

某固定几何喷管试验件采用 1 : 4 的缩比模型,试验件见图 4.13,特性曲线见图 4.14、图 4.15。

图 4.6　塞式喷管试验件

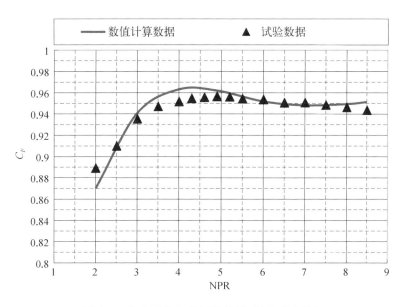

图 4.7　推力系数与落压比的关系(塞式喷管)

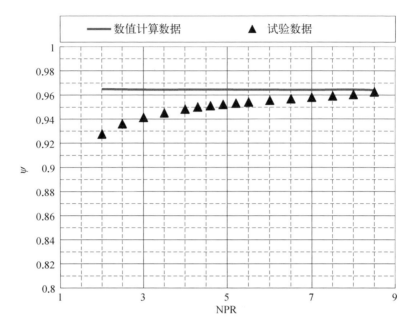

图 4.8　流量系数与落压比的关系（塞式喷管）

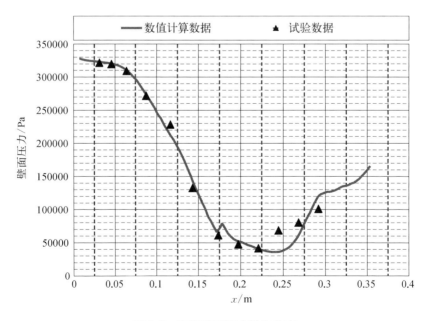

图 4.9　塞锥壁面压力轴向分布

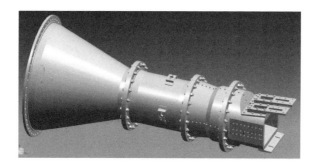

图 4.10 球面收敛二元喷管试验件结构图

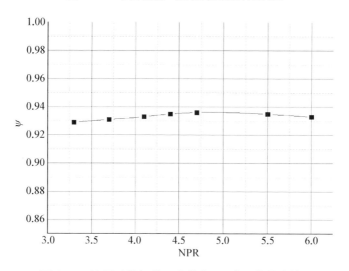

图 4.11 流量系数与落压比的关系(球面收敛喷管)

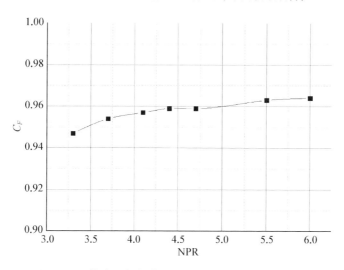

图 4.12 推力系数与落压比的关系(球面收敛喷管)

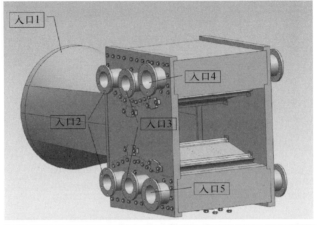

图 4.13 固定几何气动喷管

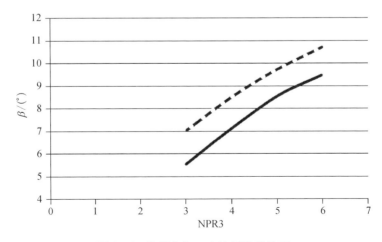

图 4.14 俯仰角与三次流压比的关系

注：实线代表的主流落压比高于虚线代表的主流落压比

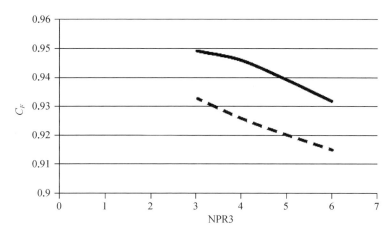

图 4.15 推力系数与三次流压比的关系

注：实线代表的主流落压比高于虚线代表的主流落压比

4.3 排气装置内外流风洞气动性能试验

4.3.1 研究背景

由于内外流的相互干扰,造成飞机后体尾喷流区域的流动现象和机理十分复杂,给后体尾喷管区域的流动模拟及性能评估造成了很大的困难。风洞喷流模拟试验是研究飞机尾喷流干扰效应的重要手段,为飞机/喷管的合理布局及性能的改善提供试验数据。在喷管研制过程中,通过风洞试验手段来获得喷管的气动载荷和矢量性能是一项必不可少的工作内容,风洞试验结果对喷管结构设计、发动机矢量控制规律匹配、飞机/发动机一体化设计等都具有重要意义。

4.3.2 试验目的

排气装置内外流风洞气动性能试验目的包括：

(1) 探索喷管内外流流动影响机理,验证理论分析和计算方法；

(2) 测定喷管与飞机后机身之间的干扰阻力,获取装机效应对喷管外罩气动载荷分布影响规律研究,为飞机/发动机/喷管一体化设计提供依据。

4.3.3 试验方案设计

1. 试验件的选择

不考虑飞机因素的影响时,通过整流罩模型与喷管对接；考虑飞机后机体对喷管影响的试验时,采用飞机后机体缩比模型与喷管对接。

2. 试验前准备

试验前应根据试验任务书、试验大纲中规定的内容,完成发动机喷管试验件试制,并在试验前完成台架装配调试工作。

3. 测试方案设计

该试验系统主要包括飞机模型后体/整流罩、通气支臂、测量系统、气流控制段等四部分,如图4.16所示。其中气流控制段置于风洞外部,气流控制段包括高精度流量计、高精度压力自动控制系统和供气管路等部分。喷管的气流控制段与风洞来流相互独立,由独立的控制和测量系统组成,实现对喷管进口压力的精确控制和测量时不受风洞干扰;通气支臂位于风洞内部,通过支杆与攻角机构连接,具有对喷管供气和实现模型姿态角变化的功能;飞机模型与通气支臂采用非接触式连接,即通过天平系统与支臂连接,实现对飞机外壳气动力的测量。测量系统位于飞机模型内部,具有对喷管供气、支撑和气动力测量等功能,主要由天平系统、测压系统、喷管转接段和附属管路系统等组成。

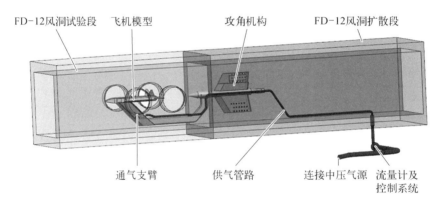

图4.16 测试方案试验系统示意图

1) 后机体/喷管测力设计

风洞试验模型拟采用腹支撑的方案。试验时,支撑机构的中心直接通过通气支臂与风洞外的管路供气系统连接,喷流试验装置所需要的高压气体由支撑机构中心引到模型尾部的喷管中,通过管路高精度压力自动控制系统来实现喷管出口气流参数的调节。测力试验装置位于模型内部,主要由天平系统、测压装置、驻室和管路系统组成。图4.17给出了模型后体气动力与喷管推力矢量的双天平独立测力方案示意图。推力矢量测量系统是一个比较复杂的系统,为了实现喷管的轴向推力/矢量推力的同时测量,要用双天平系统对喷管段和飞机后体外壳进行独立测量。试验中的天平为常规测力天平,具有精度高、干扰项系数小等特点。该装置由两个天平系统组成:稳压室左侧为六分量常规测力天平,用于测量在吹风过程中后体所受的气动力,包括矢量喷流对飞机后体的干扰力;稳压室右侧(波纹管内

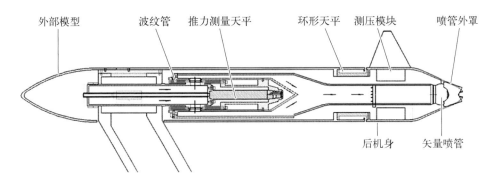

图 4.17　推力测量装置示意图

部)为喷管推力测量天平,用于测量在有无来流时喷管的气动力。该天平具有轴向力测量精度高、干扰项系数小和测量力矩精度高、量程大等特点。

为了实现喷管推力的高精度测量,可设计高精度阻力天平,天平沿用常规的内式六分量天平的设计,阻力元件对称设置在天平的近中心位置,将阻力元件上下放置,大大减少升力对阻力的干扰,每个阻力梁旁边都设置了多个支撑梁,并且优化了阻力梁和支撑梁的尺寸。

2) 后体阻力测试设计

风洞试验中采用测压和测力相结合的方法对矢量喷流干扰下的后机身(包括飞机后体和外罩)气动力开展研究,如图 4.18 所示。飞机后体和外罩阻力采用测压和测力同时测量的方式获得,利用表面测压的方法获得外罩的阻力,飞机后机身阻力和其他方向气动力采用前置气动力测量天平获得。采用动态测压试验技术和纹影显示技术对外罩的气动性能以及不同矢量角喷流对来流的干扰效应进行研究。

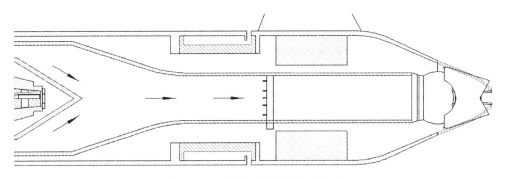

图 4.18　后体阻力测量系统示意图

3) 低干扰腹支撑装置设计

腹支撑对来流的扰流作用对尾喷管矢量角的影响是必须要考虑的,尤其是在超声速来流工况下,避免通气支臂尾缘激波形成是试验的设计难点之一。通过

CFD仿真计算获得通气支臂与模型的最优夹角,消除或降低在亚声速和超声速工况下支臂与机体之间的扰流作用,削弱通气支臂对飞机后体附近流场的影响。利用试验测量和CFD相结合的方法,在通气支臂尾缘设计合理的扰流装置,使得尾缘附近处于亚声速流动区,避免激波形成。

4. 试验内容设计

发动机喷管内外流风洞试验项目有以下内容。

1) 推力测量试验

(1) 喷管外流来流压力、温度、马赫数;

(2) 喷管内流进口总压、静压、总温、流量;

(3) 内流推力和矢量力;

(4) 内流矢量性能(即不含外流影响);

(5) 总推力;

(6) 总矢量性能(即含外流影响);

(7) 外流作用在整流罩后机体、喷管外部流路上的总气动力以及拆分为整流罩后机体和外罩上各自的气动力。

2) 压力测量试验

(1) 喷管外流来流压力、温度、马赫数;

(2) 喷管内流进口总压、总温、流量;

(3) 外流作用在喷管外部流路表面的静压分布及动态压力监测。

5. 试验程序设计(包括试验流程)

排气装置内外流风洞气动性能试验流程如下所示:

(1) 试验前按试验大纲进行各项检查并记录;

(2) 根据试验任务进行模型状态调整,更换模型时,对模型状态进行检查,以保证模型准确无误;

(3) 风洞启动开车,吹风,待气流稳定后采集数据,并做好试验记录;

(4) 处理数据,数据计算所需参数详见试验参数表;

(5) 分析数据,试验结果由曲线显示程序现场显示,以便及时对试验质量进行控制。确认数据正确后,重复步骤(2)、(3)、(4)和(5)。

6. 数据处理和分析

测试数据的采集由数据采集计算机中的数据采集软件来获得。测试数据通过同定标测试数据比对处理后并形成最终测试曲线。按测试大纲要求形成测试报告、测试曲线及测试数据。例如,内外流壁面静压分布应包括沿轴向和周向的分布(包括随飞机攻角、喷管落压比和喷管偏角的变化);推力效率、偏转效率、侧向力(即矢量力)、作用在喷管外罩的力需处理为随飞机攻角、喷管落压比和喷管偏角变化的曲线;流量系数和推力系数需处理为随喷管落压比和喷管偏角变化的曲线。

4.3.4　试验案例

1. 模型

试验所用缩比模型由机身、机翼、垂尾、供气核心体和喷管及喷管外罩等几部分组成。在喷管的前端埋有总压探头，以测量尾喷口处气流总压。

模型在风洞中安装情况见图 4.19 和图 4.20。

图 4.19　带垂尾试验照片　　　　**图 4.20　未带垂尾试验照片**

2. 模型供气支撑系统

单独喷管测力试验和全机有、无喷管外罩测力试验均采用腹撑方式支撑和供气；全机状态喷管内外表面压力分布测量试验在 $\alpha < 40°$ 时采用腹撑，在 $\alpha \geqslant 40°$ 时采用背撑。腹撑和背撑支杆均为空心支杆，由高压气瓶出来的压缩空气经电动截止阀、电动调节阀、供气胶管和供气软接头进入腹撑和背撑供气支杆及模型内部供气管路，最后由尾喷管喷出。

3. 天平及数据采集系统

单独喷管试验采用台式六分力动力应变天平测力，天平精度优于 3‰。试验时天平感受的电信号通过 VXI 采集系统和局域网进入指定的计算机存盘，再由标准程序处理成所要求的轴系和重心位置结果，并可将试验结果以曲线的形式显示在计算机屏幕上。

4. 压力测量系统

作用在喷管外罩上外流气动载荷的测量采用 780B 压力采集系统，该系统主要由计算机、数据采集控制单元、压力控制单元、扫描阀等组成，压力模拟信号由通用接口总线（general purpose interface bus, GPIB）标准接口输出，系统精度优于 0.1%。

5. 试验分析

图 4.21 给出了喷管 $Ma = 0.6$，NPR = 3.33，$\alpha = 2°$、$10°$、$20°$（634 次和 635 次试车）在有无垂尾条件下喷管外壁的压力分布曲线。由图可以看出，有无垂尾对喷管的上半区压力分布影响较大，对下半区影响较小。整体来说，相比于无垂尾情况，

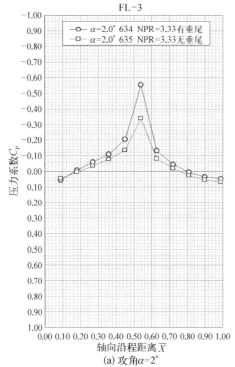

(a) 攻角 $\alpha = 2°$

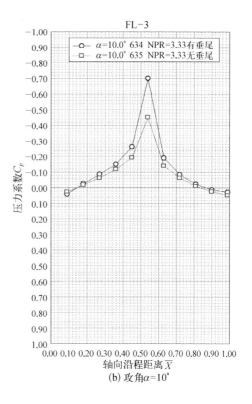

(b) 攻角 $\alpha = 10°$

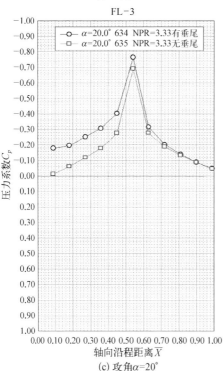

(c) 攻角 $\alpha = 20°$

图 4.21 喷管外壁面静态压力分布

垂尾使得喷管上表面区域的气流加速、静压降低,喷管上下部分压差增大,在升力方向升力增加,载荷增大。

4.4　排气噪声试验

4.4.1　研究背景

飞机噪声主要包括发动机噪声和机体噪声,如图 4.22 所示,其中发动机噪声主要包括风扇噪声和排气系统噪声。随着大涵道比涡扇发动机的广泛应用与喷流噪声控制技术的进步,发动机排气系统噪声已经控制得很好。然而,随着飞机噪声其他一些成分的控制和降噪技术逐渐成熟,喷流噪声在发动机噪声中的重要性又凸显出来,大涵道比涡扇发动机噪声有效感觉声压级如图 4.23 所示,喷流噪声依

图 4.22　现代大型飞机的主要噪声源

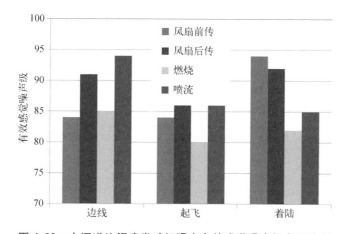

图 4.23　大涵道比涡扇发动机噪声有效感觉噪声级主要分量

然是现代大涵道比涡扇发动机的主要噪声源,如何降低发动机的喷流噪声是目前发动机降噪技术的研究重点问题之一。

4.4.2　试验目的

航空发动机排气噪声测试试验目的:

(1) 获取喷流噪声远场辐射特性,认识喷流噪声传播特性,从而为传播机理提供数据支撑;

(2) 获取喷流噪声近场传播特性,得到喷流噪声传播特性和声波的结构特性,从而为喷流噪声的降噪研究提供理论支撑;

(3) 喷流噪声声源识别以及声场重构,为喷流噪声声载荷分布测试提供基础;

(4) 喷流噪声抑制技术研究,针对每种噪声抑制技术,给出最佳降噪方案;

(5) 喷流噪声声振响应研究,分析喷管声疲劳数据,为喷管强度设计提供支撑;

(6) 喷流噪声安装效应研究,得到喷管在近似真实条件下辐射的噪声特性;

(7) 喷流噪声预测模型的建立,为喷流噪声预测模型修正和完善提供数据支撑。

4.4.3　试验方案设计

1. 试验件的选择

根据试验要求提供包括喷口形状、喷管直径、喷管收缩比、喷管排气总温、压比、出口气流速度、降噪型喷管锯齿参数在内的详细设计参数,以便准确预估不同工况下、不同喷管类型的喷流噪声声源特征。

2. 试验前准备

发动机喷流噪声试验需要根据试车场地进行准备。喷流噪声试验试车场地主要包括:消声室、声学风洞、发动机室外地面台架试车、装机飞行以及舰载静态试车。根据试验研究的目的或技术研发阶段选择喷流噪声试验场地。

(1) 模型机理试验:主要是通过试验测量和数据分析,研究发动机排气噪声辐射的物理机制,认识发动机噪声辐射与流场相互干涉的关系等,为发展理论模型和发动机降噪设计提供依据。这种试验一般需要在消声室或声学风洞中进行。

(2) 部件级模型声学特性试验:主要是分析现有排气系统的喷流声学特性,认识降噪设计措施的有效性和降噪幅度,评估排气系统降噪设计的效果和是否满足噪声指标设计要求,并指导排气系统降噪设计过程。同样,这种试验一般也需要在消声室或声学风洞中进行。

(3) 整机级室外地面台架声学特性试验:将全尺寸的排气系统安装在发动机上进行室外地面台架试车和声学测量,主要是在发动机整机条件下评估发动机喷流的声学特性和排气系统降噪设计是否满足噪声指标设计要求,为发动机和飞机的噪声评估提供噪声数据。

（4）装机飞行声学特性试验：将全尺寸的排气系统随发动机安装在飞机上进行试飞和声学测量，主要是在装机飞行条件下评估发动机喷流的声学特性和排气系统降噪设计是否满足噪声指标设计要求，为飞机噪声评估和飞机噪声适航审定提供发动机噪声数据。

（5）舰载静态声学特性试验：将全尺寸的排气系统随发动机安装在飞机上进行试飞和声学测量，主要是在舰载静态条件下评估发动机喷流的声学特性和排气系统降噪设计是否满足噪声指标设计要求，为飞机噪声评估和飞机噪声适航审定提供发动机噪声数据。

根据喷管的尺寸和排气噪声试验类型选择排气噪声试验场地。试验场地需要满足自由场传播条件，对反射面进行消声处理。

1）消声室

消声室（图 4.24 为北京航空航天大学消声室）是指一个具有自由声场的房间或者声吸收特别大的房间，在这种房间内，仅有来自声源的直达声，没有各个障碍物的反射声，也没有来自室外的环境噪声。为了使得室内情况接近自由声场环境，室内 6 个表面都应该铺设吸声系数特别高的吸声结构，在试验测量的频率范围内吸声系数应该大于 0.99。对于消声室内的吸声结构，最常用的是尖劈、穿孔底板，即共振腔结构。在消声室地面的尖劈上方，通常要安装水平的钢丝网，以便放置试验件，并使得试验人员能够在房间内行走工作。消声室内自由声场的鉴定，除了用于测量房间的本底噪声以外，主要用于观察与理想自由声场接近的程度。一般用声压与点声源距离成正比的定律进行检验，也就是说，距离增加 1 倍，声压级应该

图 4.24　北京航空航天大学消声室

减少 6 dB,允许偏差约为 0.5 dB。

声学风洞[图 4.25 为德国荷兰风洞(German Dutch Wind Tunnels,DNW)声学风洞测试段]就是有气流的消声室,即处于消声室内的低噪声、低湍流度并有开口工作段的风洞,用于研究飞行速度对发动机噪声(包括排气噪声)的影响以及研究飞机机体噪声等。排气噪声研究时,也需要消声室开口以便喷流排出消声室。声学风洞既要具有常规风洞的特点[即具有适宜的管道和气流控制装置,以最小的能量损失在试验段产生合乎试验要求的气流(即适当的气流马赫数、雷诺数和高品质流场)],又要具有声学试验的要求[即满足自由场条件(无声反射),并具有足够的尺寸以满足进行远场噪声测量,具有非常低的试验段背景噪声]。为了减小湍流度,喷口通常做成收缩形式,而低噪声是靠选用低噪声风扇并在前后安装消声器的方法实现。

图 4.25　DNW 声学风洞测试段

2) 发动机室外地面台架试车

试验对发动机室外地面台架(图 4.26 为罗·罗公司发动机噪声室外试车台)试验场地开阔,地势相对平坦,除了地面效应以外,不存在明显影响噪声测量的建筑物和其他障碍物。测量点环境噪声的 1/3 倍频程声压级需要明显低于发动机噪声的 1/3 倍频程声压级,确保在试验过程中,发动机噪声不受环境噪声的影响。

发动机支撑结构对发动机噪声的干扰要小,即支撑结构既不能妨碍发动机噪声的产生和传播,也不能在噪声辐射区域附近有任何反射。为了减小反射的影响,通常采用单柱支撑结构,并且支撑结构可以旋转,以便每次试验时能使得发动机进口正对大气风向。通常可以在一些无法消除的反射面粘贴吸声材料,以减少反射面对发动机噪声的影响。

发动机安装高度要避免进气流的畸变和喷流冲击地面。通常要求发动机的中

图 4.26　罗·罗公司发动机噪声室外试验台

心线距离地面高度不小于发动机风扇叶片最大直径的 5 倍。发动机噪声大小和辐射特性与试验日的气象条件有很大关系,为此发动机室外地面台架试车时气象情况应该满足必要条件。同时,试车时不仅要测量发动机噪声信号,还要测量气象条件。试车时的气象情况应该满足以下条件。

(1) 无降雨、无降雪等。

(2) 测量设备不能产生冷凝现象。

(3) 声试验区域内没有可使地面声学特性改变的覆盖物,如雪等。

(4) 测量期间平均风速不超过 22.5 km/h,最大风速不超过 27.8 km/h,与发动机轴线垂直的侧风在 30 s 内的平均值一般不应超过 10 km/h。

3) 装机飞行测试

为在飞行中系统地测量和分析飞机/发动机噪声,需要采用大规模传声器阵列试验测量技术和声源分离测量技术,在航迹和噪声测试、数据处理和修正等方面要按照一套严格、规范的试验程序进行,噪声测量系统需要由一个中心测量站和数个异地分散和移动测量站组成,移动测量站可远距离分布,各测量站之间通过无线网或有线网进行通讯联系、数据交换及同步控制,装机飞行发动机噪声测试如图 4.27 所示。

4) 舰载静态测试飞行

为了更好地理解全尺寸(full-scale)军用发动机不同工作状态下产生的辐射噪声和辐射噪声源,采用的近场噪声测量麦克风阵列,允许实现一些高密度、大孔径的噪声测量,舰载静态发动机噪声测试图如图 4.28 所示。

在测试之前,飞机被固定在试车台上,基准麦克风被固定到位,场阵列被安装

图 4.27   装机飞行测量飞机/发动机噪声

(a)

(b)

图 4.28   舰载静态飞机/发动机噪声测试

在水平位置的导轨上,并与飞机保持所需的距离,所有通道都被校准并视为功能正常。当气象条件合适时,开始测量。

3. 测试方案设计

试验测试方案主要是传声器测点的布置,在进行试验测试布置的时候,需要根据试验场地的情况,适量增加或者删减试验测点。对现场中能够影响噪声传播的物体,需要酌情进行消声处理。

1) 喷流噪声远场测试

远场噪声测试基准点一般选择在外涵排气喷管出口平面中心或者内涵道主喷管出口面,具体中心点根据试验件以及测试任务确定。基准点的选择应接近或位于试验发动机的主要噪声源位置,霍尼韦尔喷流噪声远场测试示意图如图 4.29 所示。

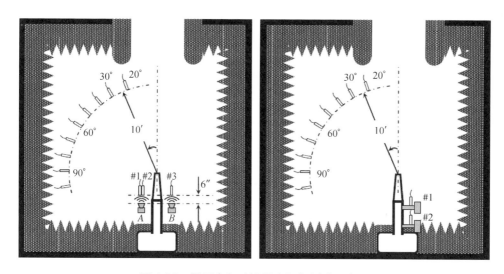

图 4.29　霍尼韦尔喷流噪声远场测试示意图

远场传声器须放置在距离发动机足够远的位置,达到远场条件,此时可将测量的声压级类推至较大的距离。远场传声器须按适当角度间隔放置,以确定声场的指向性。以基准点为圆心,在角度 10°(喷管进气方向)~160°(喷管排气方向)范围内均匀放置传声器,实际需要根据测试场地适当增减传声器数量。传声器数量传声器间的角度间隔不应超过 10°。在预计会出现喷管最高噪声级的角度范围,传声器的角度间隔应以小于 10°(如 5°),以便精确描述出指向性。

2) 喷流噪声近场测试

近场测点的布置需要根据试验需求进行安装,布置近场测点时需要考虑近场测点对远场测点影响以及近场和远场测点数据的关联性比较,排气噪声近场噪声测试实物图如图 4.30 所示。噪声近场测试包括噪声声载荷测试,通过近场噪声数据,得到喷口附近的噪声载荷,实际测点根据需要进行布置。

图 4.30　近场噪声测试技术

3) 基于传声器阵列声源识别测试

传声器阵列算法最先得到应用的是波束形成技术(Beamforming),波束形成算法主要分时域波束形成算法和频域波束形成算法。广泛应用的频域波束形成算法主要是延迟求和(delay and sun, DAS)算法。通过延迟每一个麦克风接收到的信号然后叠加得到一张声源辐射强度图片,波束形成所得的值比较大的地方被认为是声源所在区域,图 4.31 为西雅图飞行器噪声和性能试验器(Aircraft Noise and Performance, ANP)试验室螺旋形阵列图。

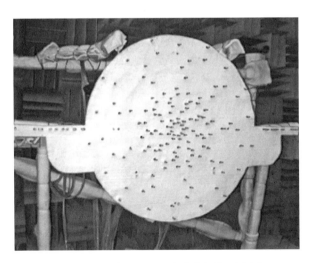

图 4.31　西雅图 ANP 试验室螺旋形阵列

喷流噪声声源区域可延伸至喷管下游 20 倍或 30 倍喷管直径处,首先根据声源大体位置确定传声器阵列的位置,然后根据主要的噪声识别频率和识别范围确定传声器阵列设计,主要包括阵列形状、传声器的数量和传声器的间距以及阵列距离喷管的距离。当传声器阵列设计完成后,需要结合算法对阵列进行验证,采用数值的方法优化阵列,提高阵列对声源识别能力。

4)基于光学仪器噪声测试

光学测试设备需要根据试验现场进行布置。首先布置好相机、激光器等光学设备,然后对光学测试设备进行校准,然后根据喷流噪声频率特性来设置光学仪器的参数,调节光源强度,得到不同工况下喷流噪声的结构图像,图4.32为西雅图 ANP 试验室 PIV 测试实景图。

图 4.32 西雅图 ANP 试验室 PIV 测试

4. 试验内容设计

根据喷流噪声的目的对喷流噪声主要关心的物理量进行测试和分析,主要试验内容如下。

1)声功率

对喷流噪声声功率进行分析可以得到喷流噪声辐射的强度,从而对喷流噪声能量和降噪量进行分析和评估。

2)远场频谱特性以及声压级指向性

在远场条件下完成声压级和指向性测试是喷流噪声审定必要提供的噪声数据,通过远场数据可以得到噪声的辐射特性。远场数据可以转换到自由声场、基准大气条件、不同测试半径下辐射声压值,从而评估噪声污染。

3)喷流噪声声源分布

采用声源定位技术得到不同频率下喷流噪声源沿喷流轴向的分布,可以得到喷流噪声的声源特性,为喷流噪声机理研究和降噪研究提供技术支撑。

4）喷流噪声声载荷分布

近场声载荷数据的获取可以为喷管的强度设计提供支撑,声载荷数据可以作为喷管声振特性的输入,从而评估喷管的声疲劳特性。

5）喷流噪声结构测试

通过光学测试仪器可以得到喷流噪声主要结构特征,包括激波结构、大尺度湍流结构以及啸音的结构,通过光学测试,可以更深刻地理解喷流噪声的发声机理。

6）推力损失测试

在进行降噪喷管试验研究时,需要给出喷管推力损失,喷管推力测试是喷流噪声测试的重要内容,推力直接反映喷管结构的气动损失,从而评估降噪方案的可行性。

5. 试验程序设计

1）测试系统准备

噪声测试系统主要包括数采系统、传声器以及声学校准器。

数采系统（含放大器和传感器）应使用正弦信号或宽带信号进行频率和振幅的电气校准,校准频率范围应覆盖被测频率范围,校准幅值应涵盖传声器的信号范围。如果使用的是宽带信号,对于非过载信号应以均值和均方根值说明。

传声器在20 Hz~10 kHz或更广的频率范围上具有最平坦的频响特性,声音以任意角度入射角或0°入射（垂直入射）到受感部时,传声器应具有高灵敏度、低电子噪声的特性,达到高信噪比的要求。

声学校准器：声学校准器应产生频率为250 Hz、500 Hz或1 000 Hz的正弦信号,频率误差小于±5%。校准信号的声压级应比背景噪声的大至少15 dB。声学校准器能够考虑现场气压、温度变化对声压级的影响。

2）声学传感器安装

（1）支架安装。

采用支架将传声器安装在喷管中线高度上,支架安装传感器实物图如图4.33（a）所示。可以采用掠入射（90°入射角）的压力场传声器或正入射（0°入射角）的自由场传声器。在安装过程中,应确定安装在支架上的传声器的位置,保障从发动机传播来的声波以对应传声器类型的推荐入射角进行测试。也可以使用其他角度的入射角进行测试,但是每个测点应进行指向性修正。试验的负责机构应研发适当的传声器修正方法来使用支架安装形式。传声器推荐选用同一型号、同一批次自由场传声器,具有稳定的相位差。

用于喷流噪声源识别的线形、弧形、矩阵式、螺旋形阵列传声器应采用专用的支架进行测试与安装。传声器支架应在测试频率范围对测试结果没有显著影响,同时安装牢固、稳定,不会造成脱落影响试验正常进行。

（2）近地面安装。

将压力场传声器安装在充分接近地面的位置，受感部与地面的距离应足够小[传声器受感部件距地面约一倍传声器直径（5 mm）]，传声器轴线与发动机中心线垂直，可以使得在测试频率范围内入射声波和地面反射声波基本同相，没有频谱干扰效应（理论上声压级测量结果应比自由场的测试结果高 6 dB），近地面安装传感器实物图如图 4.33（b）所示。为了简化传声器指向性的修正工作，安装在近地面的传声器朝向应尽量为发动机噪声源的掠入射方向。为了保证地面更好地模拟全反射表面，传声器的附近区域应使用专门的涂层做局部处理，但不建议在传声器下铺放底板或平板。

(a) 支架安装　　　　　　　　　　(b) 近地面安装

图 4.33　传声器的两种安装方式

当采用发动机噪声测量数据进行飞机适航噪声审定时，推荐采用近地面安装形式。同时由于传声器可能以不同的方式安装在近地面，所以试验的负责机构应提供试验证据，以证明所用的近地面安装方法可提供无干扰效应的声压级频谱数据。

3）传感器校准

应使用校准数据来确定数据采集系统的每个通道在试验周期内是稳定的、可靠的。在每个 1/3 倍频程，每个噪声数据通道须在试验前、试验后现场校准声压级，试验前后的声压级相差不应超过 0.8 dB，与校准声压级相差不应超过 0.5 dB。如果传声器或数据通道突然发生变化，导致与上述稳定性要求不符，那么可以通过查看数据确定灵敏度发生变化的时间。如果出现这种情况，且未使用这些数据进行飞机噪声适航审定，则灵敏度变化之前所获得的数据可视为有效数据；如果灵敏度发生变化时的时间不能明显确定，则从该传声器或数据通道获得的数据应视为无效数据。

4）试验测试

对于发动机运行状态，民用发动机试验运行状态包括但不限于地面慢车、进近慢车、空中保持、50%最大连续、75%最大连续和100%最大连续等；军机试验运行状态包括但不限于地面慢车、25%最大连续、50%最大连续、75%最大连续和中间状态等。根据试验任务要求,调节发动机达到预订状态后,录取喷流噪声数据、性能数据及气象环境数据,噪声采集时需要保证工况稳定一段时间,稳定试验需要满足噪声分析要求。

根据试验目的,完成飞机起飞、巡航、飞越、进场、边线等典型气动状态下的喷流噪声辐射特性。在不同工况下进行喷流噪声测试工作,保证在试验误差允许的范围内,完成数据有效采集,数据采集时间需要满足数据分析要求。通用喷流噪声测试步骤主要包括:① 试验前测试系统调试,保证测试系统的稳定性和可靠性;② 采集环境中背景噪声,分析噪声频谱,消除干扰信号;③ 调节喷管测试工况进行噪声采集,采集时间需要满足数据分析的要求;④ 在声学数据采集的过程中要记录工况测试时温湿度、压力以及喷管工况波动;⑤ 待全部状态采集完毕,停止采集系统。

6. 数据处理和分析

由于噪声在传播的过程中会出现衰减,并且容易发生反射,因此实际测试结果需要进行修正才能得到声源真实的辐射特性。根据噪声在传播中主要出现的影响因素数据修正主要包括以下几个方面:

(1) 如果使用了防风罩,防风罩对传声器响应的修正,应是频率、声入射角、风入射角和平均风速的函数关系;

(2) 传声器在高频处频响较差,需要根据噪声摄入角和传声器自身频响应对传声器测试结果进行修正;

(3) 如果试验件噪声声压级与环境噪声声压级之间的差值≥5 dB,则需考虑环境噪声或背景噪声的影响。如果声压级之间的差值≥10 dB,则背景噪声影响可忽略不计。差值<5 dB,表明采集时存在较高的环境噪声或背景噪声,发动机噪声信号的声压级不能可靠地确定;

(4) 在试验测试过程中,传声器支架或者传声器阵列背板等反射面会对噪声测试产生影响,在试验前处理过程中,需要修正反射对噪声测试的影响;

(5) 对于每次试验的每个试验状态,声压级应按基准条件进行修正。即修正到基准大气条件,包括温度和湿度的修正;

(6) 因为喷管试验件一般需采用缩比来进行,试验测试结果需气动声学相似律进行转换,给出全尺状态的噪声特征。

完成试验数据修正后,根据试验目的和试验内容对噪声试验数据进行分析。发动机试验数据分析主要明确试验过程中性能参数变化,根据性能参数变化评判发动机是否满足设计要求;同时通过试验设备数据分析掌握其运行状态与噪声条件参数的对应关系,为后续相关噪声试验积累试验数据。

7. 试验数据不确定度分析

由于试验数据修正误差、试验设备控制精度误差以及测试装置的系统误差无法消除,需要对试验数据结果进行不确定度分析,建议对喷流噪声用 A 计权声功率测量,标准偏差小于或等于 1 dB;喷流噪声总声压级偏差、再现性标准偏差小于或等于 2 dB;对于 1/3 倍频带,在 100~160 Hz 标准偏差小于或等于 2 dB;在 200~315 Hz 标准偏差小于或等于 1.5 dB;在 400~5 000 Hz 标准偏差小于或等于 1 dB;在 6 300 Hz 时,标准偏差小于或等于 2 dB。

4.4.4　试验案例

　　Agboola 和 Bridge[6]采用线性传声器阵列对喷流噪声声源进行定位,试验是在 NASA 格伦研究中心进行的。该试验室能够模拟喷管在飞行效应下的喷流噪声辐射特性。喷管为双涵道带中心锥喷管,外涵道喷管尺寸为 9.6 in,内涵喷管直接为 4.6 in,喷管设计涵道比为 5,中心锥距离外涵出口距离为 1.1D,D 为外涵喷口直径。试验实物图如图 4.34 所示。测试喷管有两种类型: 基本型和锯齿型。线性传声器阵列安装在支架上,传声器阵列高度与喷管轴向在一个平面上,传声器采用 B&K 4135 型号,风洞马赫数为 0.28,用于模拟飞机周围气流相对马赫数。喷管测试工况如表 4.1 所示。

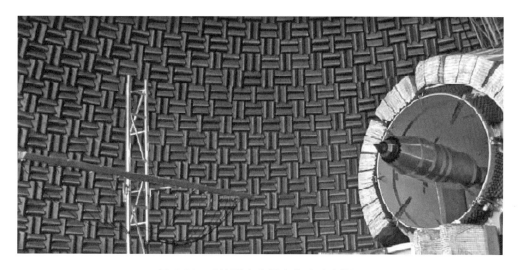

图 4.34　喷流噪声声源定位试验实物图

表 4.1　喷管测试工况和参数

内涵压比	内涵总温/K	内涵压比	外涵总温/K
1.68	600	1.83	1 500

　　采用 JENSIR 软件包对传声器阵列声源定位结果进行分析,软件中采用球面波导向向量进行声源定位,在对传声器阵列进行标定后对不同工况喷流噪声进行定位。图 4.35(a)、(b)为基本形喷管声源分布。

从声源定位结果上可以得出,低频噪声声源位置大概在 6 倍外涵道出口直径处,中高频噪声主要声源在中心锥尖部,前飞效应能够降低喷流噪声声源强度,在喷流上游产生低频噪声。

不同喷管类型在相同工况下声源分布如图 4.35(a)、(c)所示,可以看出锯齿喷管主要降低喷流中下游方向所有中低频噪声源的幅值,在喷管出口附近增加高频噪声辐射强度,喷管尾缘形状对中心锥处声源位置和强度影响较小。

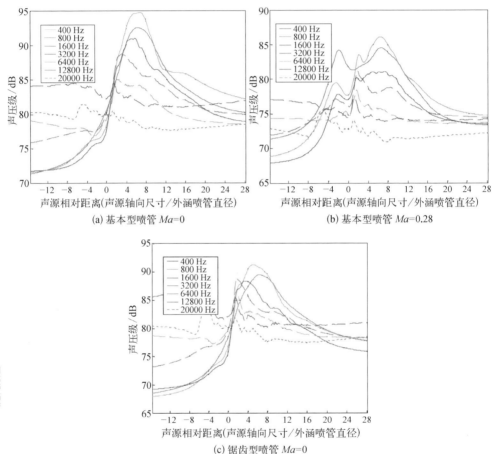

图 4.35　声源分布

4.5　红外隐身试验

4.5.1　研究背景

红外隐身试验可分为模型试验和全尺寸试验件台架试验,其中台架试验由于周期长、成本高一般只能在工程应用阶段才有可能进行,并且只能在具有足够红外辐射测量场地的露天试车台或在机场装飞机时进行,因此国内外红外隐身研究工作主要还是依靠模型试验开展。根据美国等发达国家研究经验,在由模型试验至飞行试验的过程中,越基础级的试验,试验所需时间越长(图 4.36)。通过开展缩比模型试验,可以获取试验件的红外辐射特性,探索改进措施的实施效果,为航空发动机红外隐身设计和改进提供试验数据支持[7-10]。

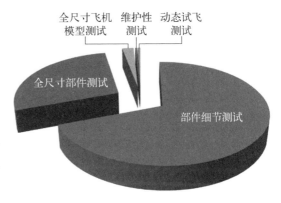

图 4.36　隐身测试时间分类统计图

4.5.2　试验目的

航空发动机缩比模型红外辐射特性测试试验目的:

(1) 获取缩比模型试验件在中波、长波波段的红外辐射光谱分布特性及空间分布特性;

(2) 获取缩比模型试验件在不同方位角下的红外辐射特性;

(3) 获取不同红外抑制措施的实际效果。

4.5.3　试验方案设计

通用的航空发动机缩比模型红外测试试验方案设计包括以下流程: ① 试验件的选择; ② 试验前准备; ③ 测试方案设计; ④ 试验内容设计; ⑤ 试验程序设计; ⑥ 数据处理和分析; ⑦ 试验数据不确定度分析。试验方案设计流程如图 4.37 所示。

1. 试验件的选择

用于红外隐身试验的缩比模型试验件是特殊设计的、不含转动部件的气动模型试验件,该试验件既要能够反映发动机整机的红外辐射特性,又要尽可能减少投入缩减加工周期。一般来说,发动机排气系统的红外辐射占总辐射量的 90% 以上,因此缩比模型试验件一般不包含压气机、燃烧室等部件,只包含涡轮叶片、导向器、混合器、火焰稳定器等能够在后向观测到的结构,而排气系统的其

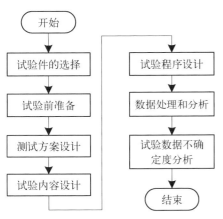

图 4.37　缩比模型红外测试试验通用流程

他结构由于对红外试验影响较少,一般进行适当简化或取消,以加快试验件加工进度,减少投入。

2. 试验前准备

缩比模型的红外隐身试验条件可分为试验器资源条件和红外测试环境条件。

由于缩比模型试验件是静态试验件,不能自主达到试验状态,因此需要试验器提供试验状态,而试验器资源由能动中心提供,包括水、电、油、气。水指的是冷却水,用于对试验设备高温部件进行冷却;电主要指的是 380 V 工业电,用于为电加温器供电,电加温器可以对外涵空气加温;油指的是航空煤油,用于内涵燃油加温器的燃油加温,对内涵空气进行加温;气指的是压缩空气,试验器目前的最大空气流量是 10 kg/s。

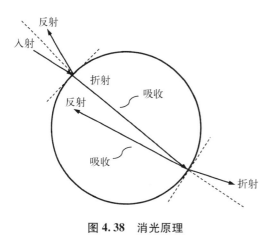

图 4.38 消光原理

红外辐射测试属于光学测试的范畴,其测试精度极易受环境影响,如空气中的微尘、水滴、冰晶、气溶胶等都会对红外辐射产生散射、吸收和折射作用(图 4.38),导致红外辐射减弱,即光学理论中的消光作用。另外由于发动机尾流的形状等会随风速风向发生变化,所以缩比模型红外测试试验需要在没有大风、大雾、雨雪、雾霾的天气开展。

3. 测试方案设计

缩比模型红外测试试验的主要设备可分为试验器和红外测试系统,试验器包括空气系统、燃油系统、水系统和电气测控系统(图 4.39)。空气系统包括内涵空气系统、外涵空气系统和放气管道,内涵空气系统的最大空气流量为 8 kg/s,外涵空气系统的最大空气流量为 4 kg/s,内涵空气由燃油加温器进行加温,燃油加温器为 3 个独立的单头部火焰筒,最高加温能力可达 1 200 K,外涵空气由电加温系统进行加温,最高加温能力为 573 K(流量为 2 kg/s);燃油系统用于为内涵加温器提供燃料;水系统用于为内外涵转接段水套提供冷却水;电气测控系统包括所有测点的数据采集、处理、存储、显示及数据传输等工作,由数据采集、网络及测试软件等子系统构成。

红外测试系统主要包括红外光谱辐射计、红外热像仪、黑体、小型自动气象站及其他辅助设备组成,各设备技术参数及用途见表 4.2。红外光谱辐射计(图 4.40)用于测量红外辐射的光谱分布特性(图 4.41);红外热像仪(图 4.42)用于测量红外辐射的空间分布特性(图 4.43);黑体(图 4.44)是标准仪器,可以用于红外测试仪器的标定;小型自动气象站(图 4.45)可以用于试验环境参数的测量。

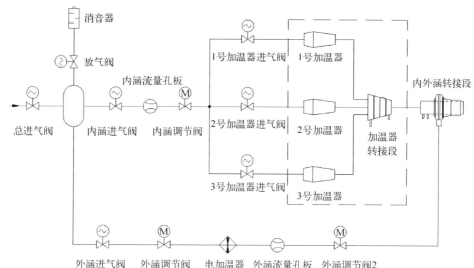

图 4.39　试验设备流程图

表 4.2　主要红外测量设备

序号	设备名称	主要技术参数	数量	用　　途
1	红外光谱辐射计	波段范围：1～15 μm	1	获取红外辐射的光谱特性
2	中波红外热像仪	波段范围：1.5～5.1 μm	1	获取中波红外辐射的空间分布特性
3	长波红外热像仪	波段范围：7.85～9.35 μm	1	获取长波红外辐射的空间分布特性
4	面源黑体	面积：350 mm×300 mm 温度：50～550℃	1	用于红外仪器的标定
5	腔式黑体	温度：50～1 200℃ 有效发射口径：25 mm	1	用于红外仪器的标定
6	小型自动气象站	温度：−40～80℃，误差±3℃ 相对湿度：0～100%，误差±3% 风速：0～10 m/s，误差±1 m/s 风向：0～360°，误差±3°	1	测量温湿度、风速风向等
7	全站型电子速测仪	角度：0～360°，误差±2″ 距离：0～3 km，误差±2 mm	1	测距、测角、测高差

4. 试验内容设计

（1）在特定试验状态、不同方位角下对同一试验件进行红外辐射光谱分布特性和红外辐射空间分布特性测量；

（2）对同一试验件、相同方位角下进行不同试验状态的红外辐射光谱分布特性和红外辐射空间分布特性测量；

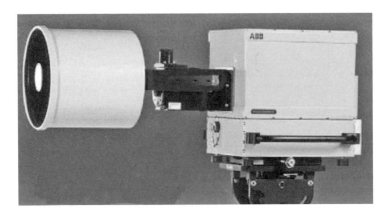

图 4.40　红外光谱辐射计

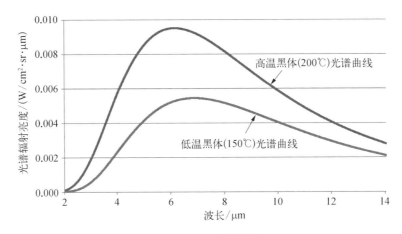

图 4.41　红外光谱图

图 4.42　红外热像仪

图 4.43　红外热像图

图 4.44　黑体　　　　　图 4.45　小型自动气象站

（3）在相同试验状态、相同方位角下进行不同红外抑制措施效果的测量。

5. 试验程序设计

1）试验参数测试

首先根据试验目的及试验任务书要求确定需要测量的试验状态及试验件参数,试验状态参数一般包括内外涵空气流量、温度、压力,试验件参数一般包括试验件流道内的压力、温度以及试验件部件的壁面温度。另外,试验状态调节过程中需要监测或参考燃油流量、燃油压力、冷却水流量、冷却水压力等设备参数。测试系统流程图见图 4.46。

试验参数可分为计算参数和测量参数,上述参数中空气流量是计算参数,而其他参数均为直接测量参数。压力一般由压力受感部和压力变送器测量,压力受感部与压力扫描阀连接,由后者采集并输出数字信号,压力变送器可直接输出电信

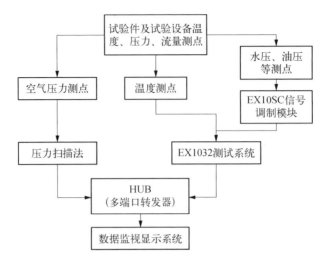

图 4.46　测试系统流程图

号;温度一般由温度变送器、热电偶测量,温度变送器和热电偶均可输出电信号;燃油流量、冷却水流量一般由涡轮流量计测量并输出电信号。上述信号由 1000TC 采集系统采集并输出数字信号,经通用软件处理后供操作人员读取及记录。

2) 红外辐射测试

红外辐射测试包括试验前准备、试验状态调节、红外测试、红外数据预处理、背景测试和试验器停车,测试流程见图 4.47。

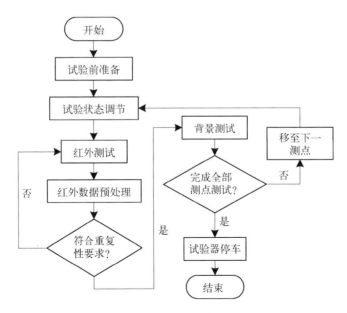

图 4.47　试验件红外特性测量流程

（1）试验前准备包括：① 布置便携气象站,接通电源开机记录气象数据；② 移动红外仪器到一个测点位置,连接红外仪器电源；③ 启动红外光谱辐射计和红外热像仪,进行仪器预热；④ 将黑体移动到红外测试平台前方；⑤ 连接红外校准平台总电源,启动面源黑体,并根据试验需求设定目标温度。

（2）试验准备完成后,开始试验状态调节,根据试验任务书中的要求调节试验状态,试验件内涵温度通过燃油加温器调节,试验件外涵温度通过电加温器,调节内外涵流量通过调节阀门开度达到状态。

（3）试验状态满足稳定条件要求时,开始进行红外测试,测试包括对试验件的红外辐射特性测试和大气透过率测试。测试完成后需要进行初步判断,确认测试结果的有效性。

（4）试验器停车,进行目标遮挡,进行背景测试。

（5）重复步骤（2）~（3）直至完成全部测点测试。

全部试验内容结束后,需要进行数据处理。红外光谱辐射计的数据处理先按照红外光谱辐射计现场标定方法进行仪器标定,然后再进行红外积分辐射强度的计算；红外热像仪主要进行红外辐射温度的图像处理。试验最终需要形成试验报告和误差分析报告。

6. 数据处理和分析

1）红外光谱辐射计的数据处理

傅里叶变换红外光谱辐射计在计算光谱辐射亮度时首先利用两点标定法对仪器进行标定,两点指的是高温黑体温度 T_1 和低温黑体温度 T_2,计算公式见公式（4.36）、公式（4.37）：

$$M(\sigma, T_1) = a_0 + a_1 \times L(\sigma, T_1) \qquad (4.36)$$

$$M(\sigma, T_2) = a_0 + a_1 \times L(\sigma, T_2) \qquad (4.37)$$

式中,σ 为波数,cm^{-1}；T_x 为黑体温度,K,其中 x 代表黑体（1 代表高温黑体、2 代表低温黑体）；$M(\sigma, T_x)$ 为仪器测量的光谱电压（V/cm^{-1}）；$L(\sigma, T_x)$ 为黑体光谱辐射亮度,$W/[cm^2 \cdot sr \cdot (cm^{-1})]$；$a_0$ 为周围环境或仪器的固定影响,V/cm^{-1}；a_1 为用于校准检测器响应以及计算系统损失的比例因子,$V/[W/(cm^2 \cdot sr)]$。

黑体的辐射亮度计算见公式（4.38）：

$$L(\sigma, T_x) = \varepsilon_x(\sigma) P_{T_x}(\sigma) = \varepsilon_x(\sigma) \frac{C_1 \sigma^3}{\exp\left(\dfrac{C_2 \sigma}{T_x}\right) - 1} \qquad (4.38)$$

式中,$\varepsilon_x(\sigma)$ 为黑体发射率；$P_{T_x}(\sigma)$ 为带入黑体温度计算的普朗克方程,$W/[cm^2 \cdot$

sr $\cdot (cm^{-1})$]; C_1 为第一辐射常数,为 1.191×10^{-12} W/[$cm^2 \cdot sr \cdot (cm^{-1})^4$]; C_2 为第二辐射常数,为 1.439 K $\cdot$ cm。

可通过式(4.39)计算光谱辐射亮度 $L(\sigma)$ 计算:

$$L(\sigma) = \frac{M(\sigma) - a_0 - (1 - k)[M_B(\sigma) - a_0]}{a_1 \times k} \tag{4.39}$$

式中, M_B 为测量背景的光谱电压,V/ (cm^{-1}) ; k 为视场占空比。

视场占空比通过公式(4.40)计算:

$$k = \frac{A_T}{A_{FOV}} \tag{4.40}$$

式中, A_T 为目标面积, m^2 ; A_{FOV} 为视场面积, m^2 。

视场面积可以由公式(4.41)估算:

$$A_{FOV} = \pi \left[\tan\left(\frac{\theta}{2\,000}\right) R \right]^2 \tag{4.41}$$

式中, θ 为视场角,mrad; R 为仪器到目标的距离,m。

2) 红外热像仪的数据处理

红外热像仪测量目标得到输出电平 $V(T)$,输出电平 $V(T)$ 与黑体辐射亮度之间关系利用公式(4.42)的一次函数,即可得到最佳拟合效果,通过用不同黑体辐射亮度的黑体测出红外热像仪对应输出的电平,利用数学拟合算法即可求出 K 、 B 两个常数。

$$V(L) = K \cdot L + B \tag{4.42}$$

式中, $V(L)$ 为测量黑体时红外热像仪输出电平,V; L 为黑体辐射亮度,W $\cdot$ m $^{-2} \cdot$ sr $^{-1}$; K 、 B 为常数。

3) 大气透过率计算

目标到探测器距离上的大气红外光谱透过率 $\tau(\sigma)$ 和光谱区间 $\sigma_1 \sim \sigma_2$ 的平均透过率 τ :

$$\tau(\sigma) = \frac{L_f(\sigma)}{L_n(\sigma)} \tag{4.43}$$

式中, $L_f(\sigma)$ 为远距离黑体测量的光谱辐射强度,W/[$cm^2 \cdot sr \cdot (cm^{-1})$]; $L_n(\sigma)$ 为近距离黑体测量的光谱辐射强度,W/[$cm^2 \cdot sr \cdot (cm^{-1})$]。

7. 试验数据不确定度分析

航空涡喷涡扇发动机红外辐射试验过程中的不确定度影响因素主要包括:

(1) 红外测量仪器的系统误差;

(2) 红外测量仪器的标定误差;

(3) 大气红外透过率的测量误差;

(4) 测量距离误差;

(5) 背景辐射影响等。

4.5.4　试验案例

试验件为某型发动机缩比模型试验件,本次试验在缩比模型试验器上进行,图 4.48 为测试场地分布图。试验器主要用于为发动机喷管红外模型试验提供平台,为喷管的预研、设计、改进提供可靠的红外试验数据。

试验器的红外辐射测量系统主要包括傅里叶变换红外光谱辐射计(简称辐射计)、中波红外热像仪、长波红外热像仪、面源黑体及其他配套设备。其中红外光谱辐射计的波长范围为 1 ~ 15 μm,最高分辨率 1 cm^{-1}。

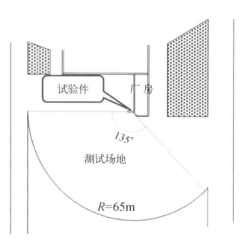

图 4.48　测试场地分布图

为满足本项试验的需求,设计加工了试验件前转接段、室外安装平台和试验件遮蔽装置,更换了外涵管路的流量测量装置。试验器具备进行本次试验的条件。

以发动机正后向为 0°,水平测量角度为 0°、5°、10°、15°、20°、25°、30°、40°、50°、60°、70°、80°、90°,俯仰角为 0°,测点角度误差不超过 ± 1°;红外测试波段为 3 ~ 5 μm、8 ~ 14 μm;在红外辐射试验测定前后,使用标准的红外辐射源对红外辐射测试设备的红外强度以及光谱响应进行校准,并记录这些数据;试验进行期间,如遇大风、大雾、降雨、降雪等恶劣天气时试验暂停,安全撤离试验人员,并应对试验件、测试仪器及其他设备采取有效防护措施。

按照测试方案,开展了某型发动机缩比模型红外测试试验。通过光谱辐射计得到了同一目标、相同方位角、不同隐身措施下的红外辐射强度的光谱分布曲线(图 4.49),后期可以通过积分的方式得出不同观测角度下红外辐射强度;利用中波(3 ~ 5 μm)、长波(7.85 ~ 9.35 μm)热像仪分别获得了不同观测角度下的红外热图像(图 4.50),为部件分析提供依据。

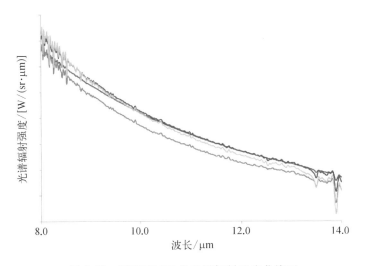

图 4.49　某调试试验件光谱辐射强度曲线图

图 4.50　某调试试验件内部辐射特性分布图

4.6 雷达隐身试验

4.6.1 研究背景

隐身性能测试试验是评估装备隐身性能不可或缺环节,在隐身飞机及发动机一系列重大进展的背后,隐身测试技术功不可没。雷达隐身性能试验贯穿于方案论证和筛选、设计验证、部件和整机的雷达隐身效果评估、产品的转段和鉴定直至列装,在整个发动机隐身设计研制中具有重要意义。

由于发动机排气系统腔体内部零组件众多且结构复杂,尤其是非金属材料在航空器上的大量应用,目前理论计算还无法达到很高的精度。这就使目标雷达隐身性能测量成为研究的主要手段和目标特性数据获取的主要途径。隐身技术研究的开展,离不开大量的雷达 RCS 试验与综合分析,隐身性能试验是贯穿该项技术研究的一条重要主线。

对军事目标的雷达隐身性能的测试试验主要针对目标的 RCS 进行测试和评估,目标 RCS 测试方法分为以下三类:

(1)室内 RCS 测试(静态),包括微波暗室测试和 RCS 近场测试;

(2)室外 RCS 测试(静态),主要指室外 RCS 测试远场;

(3)飞行动态测试。

通过飞行动态测试可以获取飞行器在真实环境下的雷达目标特性,以评估装备的作战隐身性能和生存力。但该类测试成本高,测试精度和实施方案准确实施是重难点,飞行动态测试一般在产品的批产和列装阶段进行。

室内 RCS 测试一般用于小型目标或者目标缩比模型测量。这类测试场,在室内布置高性能吸波材料来模拟自由空间测量,使得雷达波不受地面反射和外部环境的影响。室外 RCS 测试场一般建在户外开阔地带,一般用于满足全尺寸大型目标的测试需求。室外场对测试场地环境的要求较高,需要对场地细致铺覆,使得雷达发射源与被测目标进行充分物理隔离,通过增加测试场长度来近似满足平面波条件,并通过消除或利用多路径回波来满足自由空间条件。一般情况下,在发动机设计阶段的科研试验,其电磁散射测量可在室内 RCS 场进行。

微波暗室(紧缩场)测试能够保证电磁环境的可控、可测,不受外界影响,测试精度高,利于方案初步选型和技术探索,研究表明室内测试可使工程人员减少 1/3 以上的测试时间。缺点是静区尺寸不易增大,对吸波材料等介质参数缩比理论较为复杂,当目标 RCS 较低时缩比模型的雷达特征与全尺寸目标存在较大差异。

4.6.2 试验目的

对于航空发动机排气系统雷达隐身测试,其试验目的主要有以下几个方面:

（1）掌握排气系统电磁散射特性，获得 RCS 信号特征及其分布；

（2）开展排气系统二维、三维电磁成像诊断，锁定重点散射源；

（3）通过对比测试，验证采取隐身措施前后的排气系统对 RCS 的减缩效果；

（4）探索排气系统电磁散射机理，验证理论分析和仿真评估方法，提高仿真设计能力。

4.6.3　试验方案设计

1. 试验件的选择

当目标尺寸缩小 N 倍时，入射波频率需相应增加 N 倍，以保证目标与对应波长的电尺寸一致。针对不同材料的被测目标，通常分为理想导体、理想介质、不良导体、色散介质等类型，其缩比相似理论不尽相同。对于大部分型号的设计初期，可采用缩比模型来开展研究工作；而对于有吸波材料和吸波结构的目标，应考虑通过全尺寸测试。通常排气系统模型的特征尺寸相对整机较小，当实际尺寸满足测试暗室静区尺寸限制时，可以按需开展在排气系统/装置的在微波暗室的全尺寸 RCS 测试。

2. 测试方案设计

根据试验任务书规定试验对象、测试条件、测试内容等，进行场地筛选、低散射载体设计、测试大纲编制，并根据任务要求和试验目的确定试验验收标准等。

进行排气系统的雷达散射特性测试时，为获得测试目标（含载体）全方位的 RCS，在控制转台旋转的同时，根据转台的角度数据来录取相应角度下的雷达回波信号，依次测量当前极化、当前测试频率点在不同方位角的 RCS，并根据标校数据获得 dB·m^2 形式的 RCS 测试曲线、成像等，同时进行显示和数据存盘。在测试过程中，测量定标体的回波功率，对测试系统进行测试定标并获取定标数据。

3. 试验内容设计

发动机排气系统雷达隐身试验项目如下：

（1）排气系统点频 RCS 测试试验；

（2）排气系统扫频 RCS 测试试验；

（3）排气系统二维成像 RCS 测试试验。

4. 试验前准备

试验前应根据试验任务书、试验大纲中规定的内容，完成发动机排气系统试验件及其低散射载体的试制，并在试验前完成装配，形成完整的测试目标。

发动机排气系统雷达隐身试验在室内 RCS 测试场进行，采用雷达吸波材料铺设的微波暗室，利用紧缩场技术满足远场照射准则（图 4.51）。微波暗室紧缩场采用一个或多个反射面组合，在短距离内将馈源辐射的球面波校准为平面波，广泛应用的几类反射面系统包括以下几种形式：

　　（1）偏置馈电抛物面系统；

　　（2）卡塞格伦双反射面系统；

　　（3）双柱面系统；

　　（4）格里高里双反射面系统。

　　不同场地的静态测试设施可能不同,但无论采取以上哪种系统都包含以下基本测试设施：

　　（1）测量雷达；

　　（2）数据记录系统；

　　（3）数据处理和分析设备；

　　（4）低背景电平环境；

　　（5）目标支架；

　　（6）转顶和转台。

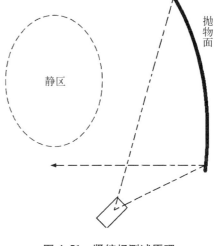

图 4.51　紧缩场测试原理

5．试验程序设计

　　每天测试前对测试系统检查、开机预热,对测试场地及其周围进行检查,满足测试要求后,进行正式测试,整个测试流程图见图 4.52,试验程序包括：

　　（1）测试环境监测,看是否满足测试要求；

　　（2）选择测试需要的波段和极化；

　　（3）调整该波段的天线高度及馈源极化；

　　（4）通过软件设置好测试频点；

　　（5）测试系统检查、开机预热；

　　（6）检查测试信号是否满足测试要求；

　　（7）目标 RCS 测试；

　　（8）测试系统标定；

　　（9）数据采集和处理；

　　（10）数据检查分析；

　　（11）目标姿态调整。

6．数据处理和分析

　　测试数据的采集由数据采集计算机中的数据采集软件获得测试样机的 RCS 回波幅度信号来完成。数据采集完成后按照标准数据格式要求进行数据存储。测试数据通过同定标测试数据比对处理后,完成该状态 RCS 测试数据的处理,并形成最终测试曲线,给出需求角域 RCS 均值统计结果,按测试大纲要求形成测试报告、测试曲线及测试数据。

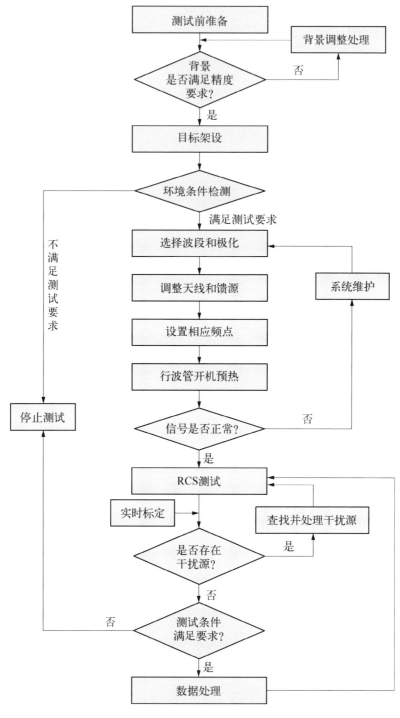

图 4.52 测试流程图

7. 试验数据不确定度分析

依据测试方法及测量系统构成,影响测量不确定度的因素包括以下几方面,试验应对下述影响不确定度的因素逐一进行分析、确定:

（1）测试区的幅度照射均匀性;

（2）背景与目标相互影响;

（3）系统交叉极化影响;

（4）信号漂移;

（5）频率稳定性;

（6）信号积累;

（7）I/Q 失衡误差;

（8）近场;

（9）测试场内的杂波及噪声;

（10）系统线性度;

（11）距离;

（12）目标指向;

（13）定标体测试。

4.6.4 试验案例

1. 试验内容

测试目标:某航空发动机排气系统(图 4.53)。

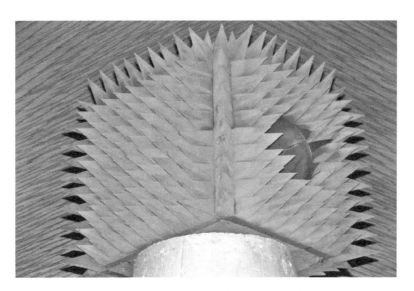

图 4.53 测试用排气系统试验件及其载体

测试目的：排气系统典型隐身设计状态的雷达散射特性及措施效果验证。

极化方式：HH（水平极化）、VV（垂直极化）。

测试频率：L、S、C、X、Ku 波段的典型频点。

方位角：−90°～90°。

数据成果：点频 RCS 测试数据、曲线、成像图。

测试仪器：矢量网络分析仪、功率放大器、系列喇叭天线、定标球。

2. 测试系统

测试系统如图 4.54 所示，系统发射步进频率信号，信号经过功率放大器放大后直接由标准增益天线发射出去，回波信号通过另一个相隔很近的标准增益天线送入矢量网络分析仪接收端，转台旋转，在间隔一定的角度下获取回波数据，对数据进行后处理，得到被测件在各个角度的 RCS 值。

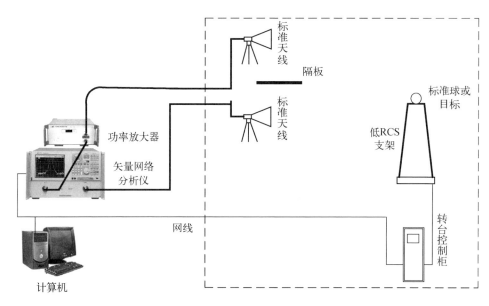

图 4.54　测试流程图

3. 试验结果分析

根据试验任务测试共进行多种模型状态，每种状态 5 个波段（L、S、C、X、Ku），每个波段选取两个典型频率点，每个频率点有两个极化方向，试验获得 RCS 曲线数 150 条、二维电磁成像图 50 幅。典型频点的测试曲线图和成像图见图 4.55、图 4.56。本试验获得排气系统雷达波散射特性，并通过对比验证了隐身措施效果：试验方法可行；系统可靠；数据可信。

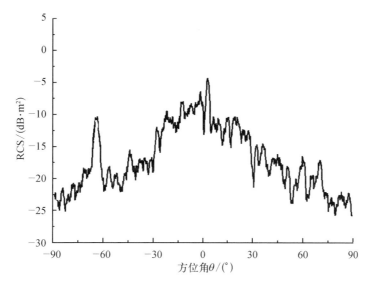

图 4.55　排气系统 RCS 点频曲线图

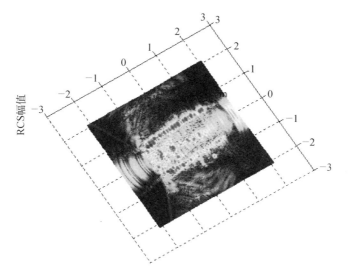

图 4.56　排气系统 RCS 幅度成像图

参考文献

[1]　《航空发动机设计手册》总编委会. 航空发动机设计手册第 7 册进排气装置［M］. 北京：
　　　航空工业出版社,2000.

[2]　吴达,郑克扬. 排气系统的气动热力学［M］. 北京：北京航空航天大学出版社,1989.

[3]　中国燃气涡轮研究院,中国航空综合技术研究所. HB 20359 - 2016 航空燃气涡轮发动机
　　　喷管气动性能试验方法［S］. 北京：国家国防科技工业局,2016.

[4]　潘锦珊. 气体动力学基础［M］. 西安：西北工业大学出版社,2015.

[5] 上海工业自动化仪表研究所. GBT 2624.1－2006 用安装在圆形截面管道中的差压装置测量满管流体流量 第 1 部分：一般原理和要求[S]. 北京：中华人民共和国质量监督检验检疫总局,中国国家标准化管理委员会,2017.

[6] Agboola F A, Bridges J. Jet noise source localization using linear phased array[R]. NASA/TM－2004－213041, 2004.

[7] 张勃. 大宽高比矩形喷管射流的掺混与红外抑制特性研究[D]. 南京：南京航空航天大学,2005.

[8] 张勃,吉洪湖. 大宽高比矩形喷管的射流与外流的掺混特性的数值研究[J]. 航空动力学报,2005,20(1)：104－110.

[9] 罗明东,吉洪湖,黄伟,等. 无加力涡扇发动机二元喷管的红外辐射特性试验[J]. 航空动力学报,2006,21(4)：631－636.

[10] 罗明东,吉洪湖,黄伟,等. 涡扇发动机二元喷管的红外光谱辐射特性试验[J]. 推进技术,2007,28(4)：394－398.

第5章
进排气系统一体化试验

5.1　全尺寸进气道高温蒸汽吸入试验

5.1.1　研究背景

目前,舰载机大多采用三种方式之一起飞:弹射起飞、滑跃起飞和垂直短距起飞。弹射起飞是利用飞行甲板上设置的弹射装置,在一定的行程内对舰载机施加外力,使它加速离舰升空。

蒸汽弹射过程,飞机进气道吸入高温蒸汽产生温度、工质畸变,叠加压力畸变,对发动机稳定性有重要影响,严重时导致发动机失速甚至喘振,危害到飞机的起飞安全。弹射过程中发动机吸入高温蒸汽后的稳定性评估、相关计算和试验能力的发展与完善,以及与此相关的压力畸变、温度畸变、工质畸变对发动机影响研究都是国内急需开展的。

本节是模拟舰载机蒸汽弹射过程中全尺寸进气道与发动机联合蒸汽吸入试验,属于发动机的温度、压力及工质组合畸变,用于蒸汽弹射型舰载机动力在弹射试飞前的抗组合畸变能力评估。

5.1.2　试验目的

全尺寸进气道与发动机联合蒸汽吸入试验对研究发动机吸入高温蒸汽问题有着重要意义。发动机吸入高温蒸汽后,工作点移动,喘振边界发生变化,导致发动机稳定裕度不足。通过全尺寸进气道与发动机联合蒸汽吸入试验,可揭露发动机吸入高温蒸汽喘振问题机理,对此种情况下的使用提供试验基础。

5.1.3　试验方案设计

1. 蒸汽发生装置

模拟真实环境的发动机蒸汽弹射过程稳定性评估试验设备如图5.1所示,由蒸汽发生器、蒸汽输送管道、蒸汽泄漏槽及发动机前端飞机进气道及相关配套设备组成。

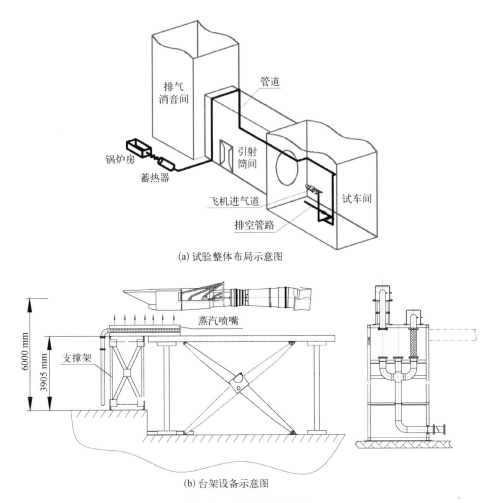

(a) 试验整体布局示意图

(b) 台架设备示意图

图 5.1 试验设备示意图

可移动锅炉产生蒸汽,输入蓄热器中,蓄热器是利用水的蓄热功能,将热能以饱和水的形式储存起来。试验过程中,高温、高压饱和液态水以闪蒸形式提供饱和蒸汽,蓄热器提供大于锅炉能力的蒸汽流量。如图 5.2 所示,储热器后管道

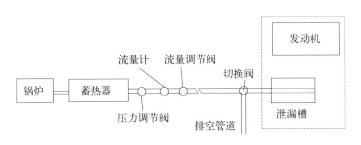

图 5.2 流量控制示意图

中安装有流量计,在流量计之后,管道分成两路,一路管路为排空,一路管道到达泄漏槽。试验过程中,首先接通的是排空管道,当蒸汽压力、温度及流量调节到目标值后,排空管路阀门关闭的同时,通向泄漏槽的阀门打开,使泄漏槽内流量达到试验所需。

进气道与缝隙相互位置如图 5.3 所示。由流场计算可知,图 5.3 中 L_1 距离对蒸汽吸入量有影响,L_1 距离减小时,进气道吸入蒸汽量增多。考虑到国内尚无室内大型侧风装置,台架试验无法产生真实弹射过程中的侧风,可通过改变 L_1 距离来等效侧风的影响。

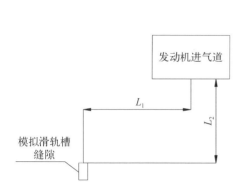

图 5.3　泄漏槽布局示意图

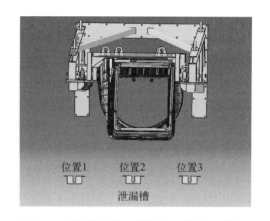

图 5.4　蒸汽泄漏槽三个位置示意图(顺航向)

由于侧风的不确定性,为弥补侧风因素影响,试验过程中通过改变 L_1 大小(图 5.3 中)来模拟侧风大小的影响,L_1 越小,蒸汽泄漏位置离进气道越近,进气道吸入蒸汽越多。试验过程设计三个侧向位置,以模拟不同侧风的影响。泄漏槽侧向位置设计成三档可调,如图 5.4 所示。

为考虑其他不可测因素对吸入蒸汽量的影响,以及利用蒸汽设备探索发动机最大抗温度畸变能力,设计了第四个泄漏槽位置,其中 $L_1 = 0$、$L_2 = 0$,使泄漏槽位于进气道正下方。

蒸汽发生装置是由一台工业锅炉提供蒸汽,根据分析弹射过程中发动机最大蒸汽吸入量,本次试验中的蒸汽发生器最大流量为 4 kg/s。

蒸汽发生器包含燃油锅炉、蒸汽蓄热器、控制系及配套设备。

燃油蒸汽锅炉流量为 2 t/h,最高供气压力为 2.5 MPa,型号为 WNS2 - 2.5 - Y,配备全自动燃烧器,采用高效传热元件——螺纹烟管。燃油锅炉和辅机均安装在活动房内,如图 5.5 所示。

为满足蒸汽流量,在移动式锅炉房后布置蒸汽蓄热器,蓄热器是利用水的蓄热功能,将热能以饱和水的形式储存起来。在本系统内,试验前,先将锅炉的蒸

图 5.5　移动锅炉

汽送入蓄热器,利用蓄热器里的水与其进行混合式传热,吸收蒸汽潜热,将水加热并使蒸汽凝结成水,使蓄热器里水的焓值升高到与压力相应的饱和水焓值。此时蓄热器中的水位也由于蒸汽的凝结而升高,即蓄热器的充热过程。试验时,蒸汽流量不足时,蓄热器中的压力下降,蓄热器中水原有焓值比降压后相应的饱和水焓值大,因而部分水闪蒸转换为蒸汽以弥补用汽的不足,这时,蓄热器中水位开始降低并进行放热(向外供汽)。本蓄热器系统如图 5.6 所示,工作参数如下。

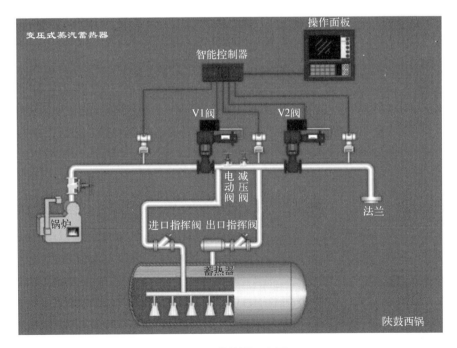

图 5.6　蓄热器示意图

（1）正常工作压力：2.5 MPa。

（2）蓄热器稳定输出蒸汽压力：1.7 MPa。

（3）正常工作压力下的工作介质：饱和蒸汽。

（4）最高工作温度：230℃。

（5）额定供气温度：203℃。

（6）蒸汽蓄热器最大稳定供气流量：4.0 kg/s。

蒸汽发生装置控制系统设计结构如图 5.7 所示，由一台中央监控管理站、3 台 PLC 控制器构成，自上而下形成层次结构，管理中心与锅炉现场控制柜之间按 485 方式连接，该系统由控制器来控制锅炉的启停、保护和燃烧负荷调节。

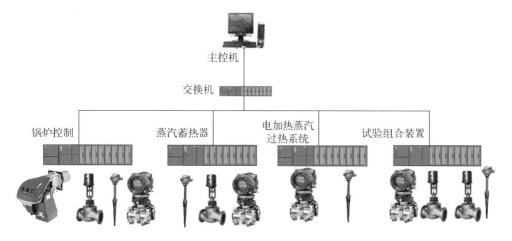

图 5.7　锅炉控制系统示意

2. 试验发动机选择

使用与试飞相同的技术状态的发动机开展试验，试验前发动机可调机构及控制规律按需调节，确保可以满足试验需求。

飞机弹射过程中，发动机可以以中间状态（未开加力的最大状态）或全加力状态起飞。本型发动机用来起飞的两个状态除了处于限制涡轮后温度使用时状态会略有差异外，其他工作情况（全加力状态和发动机中间状态）发动机的主机状态相同，发动机抗畸变能力基本相同（加力的燃烧脉动燃烧略有影响），为防止全加力状态喘振危害发动机安全，评估过程中以发动机中间状态开展。

3. 试验程序设计

1）发动机试验前性能评估

在进行发动机蒸汽吸入的稳定性评估前，评估发动机性能、进气道性能和畸变情况，试验顺序如下：

（1）对发动机进行各项功能检查、性能调整，使发动机性能和各项调节规律满足要求；

（2）按 n_{1R} 转速的 5% 递增（慢车、60%、65%、70%、75%、80%、85%、90%、95%、n_{1Rmax}、中间状态、全加力状态）录取发动机稳态性能；

（3）检查发动机过渡态性能，包括慢车到中间状态的加减速、慢车到全加力的加速特性等。

2）起飞状态评估

泄漏槽分别位于图 5.4 位置 1、2、3 时，按如下内容开展发动机稳定性评估：

（1）试验开始前，蒸汽供气管道排空，具备供气条件；

（2）启动发动机，确认发动机状态良好后，进行试验；

（3）评估过程本着安全原则，蒸汽流量从小到大过渡，分别为 1 kg/s、2 kg/s、2.5 kg/s、3.0 kg/s、3.5 kg/s、4.0 kg/s（或发动机喘振）。试验过程中，如果发动机出现喘振，则更大流量试验不再开展；

（4）每次蒸汽吸入试验时的蒸汽持续供气时间为 10 s；

（5）将蒸汽泄漏槽分别移至不同的位置 2 和位置 3，重复（1）~（4）项试验。

评估状态点如表 5.1 所示。

表 5.1　评估状态点

泄漏槽位置	发动机状态	1 kg/s	2 kg/s	2.5 kg/s	3 kg/s	3.5 kg/s	4 kg/s
位置 1	中间	√	√	√	√	√	√
位置 2	中间	√	√	√	√	√	√
位置 3	中间	√	√	√	√	√	√

3）发动机不同转速状态下抗蒸汽吸入能力评估

泄漏槽安装到位置 4，按如下内容开始试验：

（1）试验开始前，蒸汽供气管道排空，具备供气预备条件；

（2）启动发动机，确认发动机状态良好后，进行试验；

（3）在发动机慢车、$n_{1R} = 70\%$、$n_{1R} = 80\%$、$n_{1R} = 90\%$、$n_{1R} = 95\%$、中间状态六种转速状态下开展蒸汽吸入能力评估试验，在每个转速状态下，蒸汽喷射流量按由低到高的顺序进行，分别为 2.5 kg/s、3.0 kg/s、3.5 kg/s、4.0 kg/s（或发动机喘振）。如果发动机发生喘振后，此转速更大流量试验不再开展。根据试验实际情况，可对蒸汽吸入试验程序和蒸汽注入流量递增步长进行调整；

（4）每次蒸汽吸入试验时的蒸汽持续供气时间不少于 10 s。

各转速评估状态点如表 5.2 所示。

表 5.2　位置 4 评估状态点

发动机状态	2.5 kg/s	3 kg/s	3.5 kg/s	4 kg/s
慢车	√	√	√	√
$n_{1R}=70\%$	√	√	√	√
$n_{1R}=80\%$	√	√	√	√
$n_{1R}=90\%$	√	√	√	√
$n_{1R}=95\%$	√	√	√	√
中间	√	√	√	√

4. 试验测试方案

为掌握蒸汽吸入过程中蒸汽温度、发动机承受的畸变及其失稳情况,对蒸汽、进气道及发动机提出测试要求。

1) 蒸汽测试要求

蒸汽参数测量相关要求见表 5.3,其中蒸汽流量、蒸汽供气总压及总温由蒸汽发生器提供,蒸汽泄漏温度由泄漏槽内安装的温度测点测量。

表 5.3　蒸汽参数测量

序号	符号	信号名称	支×点	测量范围	控制精度	测量部位
1	G_{st}	蒸汽流量	—	—	±5%	由蒸汽发生装置提供
2	P_{st}	蒸汽供气总压	—	—	±1%	由蒸汽发生装置提供
3	T_{st}	蒸汽供气总温	—	—	±1℃	由蒸汽发生装置提供
4	T_{sto}	蒸汽泄漏温度	2×1	0~400	±1℃	蒸汽泄漏槽出口处

2) 进气道测试方案

试验过程中,进气道测试截面布局见图 5.8,图中 D 为发动机进口尺寸。发动机进气测试截面包括气动截面(AIP 截面)、1-1 截面和气流总温测量截面,各截面测试参数见表 5.4。

AIP 截面位于发动机进气机匣安装边前,该截面上共布置有 6 支压力和温度复合测量耙,每支耙上 5 个稳态总压测点和 5 个动态总温测点。壁面安装有 6 个静压测点,AIP 截面测点周向分布如图 5.9 所示,复合测量耙和静压测点各自周向均布,静压测点与复合耙周向相差 15°,复合耙中压力和温度测点径向按

图 5.8　试验测量截面示意图

表 5.4　蒸汽吸入试验所需测量参数要求

序号	参数	名　称	单位	支×点	测量范围	精度要求	备　注
1	P_{AIPW}	AIP 截面稳态总压	kPa	6×5	60~110	±0.3%	AIP 截面
2	P_{AIPJ}	AIP 截面壁面静压	kPa	6×1	60~110	±0.3%	AIP 截面
3	T_{AIPd}	AIP 截面动态总温	℃	6×5	0~400	±6%	AIP 截面
4	P_d	1-1 截面脉动总压	kPa	6×1	90~110	±10%	1-1 截面
5	T_d	1-1 截面稳态总温	℃	6×1	0~400	±1%	1-1 截面
6	T_1	进口空气总温	℃	1×1	-90~360	±2℃	气流总温测量截面

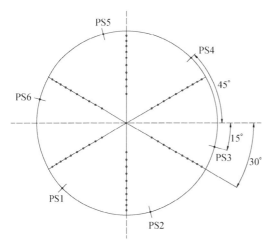

图 5.9　AIP 截面测点分布示意图(逆航向)

等环面原则分布。其中动态总温的热电偶偶丝直径为 0.08 mm,时间常数为 65 ms(马赫数为 0.4),数据采样率为 5 000 次/s。

1-1 截面在 AIP 测量截面前,在 0.9 倍半径处均匀布置 6 支总压脉动测量耙和 6 支稳态除湿总温测量耙,周向分布如图 5.10 所示。总压脉动测量用于计算综合压力畸变指数中的面紊流度。除湿总温测量耙用于修订动态温度测量参数。

气流总温测量截面位于 1-1 截面前,周向位置如图 5.11 所示,总温测量截面共布置 1 支 1 点温度测量耙,用于发动机控制计划中所需总温。

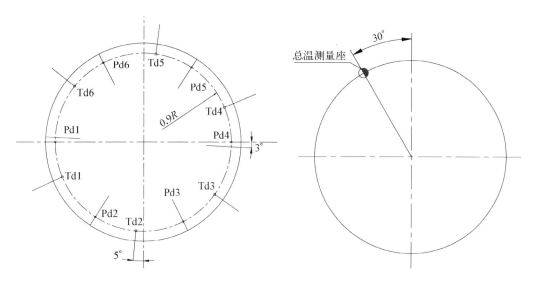

图 5.10　1－1 截面总压、总温脉动测点周向
　　　　　分布示意图(逆航向)

图 5.11　总温测量耙周向分布
　　　　　示意图(逆航向)

3) 发动机参数测量方案

发动机参数测量主要按常规试验进行性能参数、流道参数、滑油系统参数、燃油系统参数、振动参数、起动过程参数、燃油及控制系统参数等测量。为判断失速部件及提前预警发动机失稳,在风扇和压气机出口安装动态压力测试,要求如表 5.5 所示。

表 5.5　脉动压力测量表

序号	测量参数	名　　称	单位	支×点	测量范围	相对误差
1	P_{13m}	风扇后外涵脉动压力	kPa	1×1	100~400	±10%
2	P_{23m}	风扇后内涵脉动压力	kPa	1×1	100~400	±10%
3	P_{31m}	压气机出口脉动压力	kPa	1×1	100~3 500	±10%

5. 数据处理与分析

在常规发动机参数分析基础上,本次试验数据处理主要涉及温度畸变和压力畸变,温度畸变参数及计算方法参见 GJB/Z 224－2005《航空燃气涡轮发动机稳定性设计与评定指南》中相关内容,压力畸变参数及计算方法参见 3.3.3 节中的相关内容,此处不再赘述。

5.1.4　试验案例

1. 某型发动机蒸汽吸入试验介绍

在某型发动机研制过程中,开展了蒸汽吸入试验,验证了发动机承受由蒸汽带来的温度畸变叠加压力畸变的能力,发动机可以稳定工作。

试验测试方案和试验内容均按照 5.1.3 节中的相关要求完成。

2. 试验结果及分析

试验主要包含两方面内容,其试验结果分析侧重点不同。模拟真实环境的蒸汽吸入试验内容,主要通过试验数据的分析,评估弹射过程发动机是否可以稳定工作及吸入蒸汽对发动机性能的影响,掌握此过程中发动机进口的畸变特征。

发动机高温蒸汽吸入能力试验需要摸索发动机各转速条件下最大蒸汽吸入量,由于本次试验采用的设备与模拟真实环境的蒸汽吸入试验相同,存在不能摸索到发动机最大能力的风险。

1) 起飞过程蒸汽吸入影响评估

(1) 稳定性评估及分析。

共开展了 3 个位置的模拟真实环境的高温蒸汽吸入试验,以模拟不同侧风对高温蒸汽吸入的影响。泄漏槽安装于各个位置上,蒸汽泄漏流量从 1~4 kg/s 逐步提高,分别开展试验。在三个位置上,蒸汽流量达到 4 kg/s 时,发动机均能稳定工作。表明蒸汽弹射过程中,发动机在不同侧风条件下可以稳定工作。

泄漏槽安装在位置 1 进行蒸汽吸入试验时发动机稳定工作,表明发动机配装舰载机在真实蒸汽弹射过程中,发动机在进气道本身压力畸变和高温蒸汽吸入导致的温度、工质畸变共同作用下,均可以稳定工作。

泄漏槽安装在位置 2、3 进行蒸汽吸入试验时发动机稳定工作,说明弹射过程中遭遇侧风条件时,发动机仍然可以稳定工作。

蒸汽吸入对发动机稳定裕度影响相对正常起飞状态主要新增两方面因素:一方面是蒸汽吸入导致发动机进口工质的变化;另一方面,由高温蒸汽带入的焓,在发动机进口处会使温度升高。同时由于吸入蒸汽在空间分布得不均匀,产生了温度场空间的不均匀,降低稳定裕度。此外,温度畸变与进气道本身的压力畸变组合,进一步降低发动机剩余稳定裕度。温度和压力畸变对发动机稳定裕度的需求如公式(5.1)所示。由于国内对温度畸变研究较少,现阶段缺少专用温度畸变试验设备,公式中温度畸变敏感系数 α_T、温度压力组合畸变敏感系数 α_{WT} 尚无试验数据。

$$\Delta SM = \alpha_W \cdot W + \alpha_T \cdot \delta T_{2FAV} + \alpha_{WT} \cdot W \cdot \delta T_{2FAV} \qquad (5.1)$$

式中,W 为进口截面综合畸变指数;δT_{2FAV} 为进口截面温度畸变强度;α_W 为压力畸变敏感系数;α_T 为温度畸变敏感系数;α_{WT} 为压力和温度畸变组合影响的敏感系数。

本次试验仅能判断弹射时发动机可以稳定工作,新增蒸汽吸入因素对风扇、压气机的需用稳定裕度的综合需求之和小于其原剩余稳定裕度。本评估方法无法量化各因素对稳定性的影响以及发动机最大可以承受的高温蒸汽吸入量。

（2）蒸汽吸入过程中发动机进口温度畸变分析。

a）最大蒸汽泄漏流量时发动机进口温度畸变特征。

图 5.12 为位置 1、蒸汽流量为 4 kg/s、发动机中间状态时,发动机进口截面各测量点温度随蒸汽吸入时间的变化图,从图中可以看出,有两个测点的温升较高,温度开始升高后约 2 s 达到最大值。

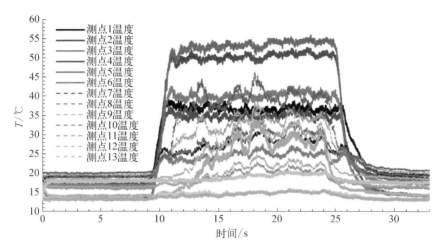

图 5.12　位置 1 吸入 4 kg/s 蒸汽时 30 点温度变化图

表 5.6 为不同位置、不同蒸汽流量时进气道出口温度畸变参数。从表中可以看出,当泄漏槽安装在位置 1 时,AIP 截面最高温升为 36.3 K,安装在位置 2 和位置 3 时,虽然泄漏槽与进气道的距离更近了,但最高温升反而略有降低,分别为 33.8 K、30.1 K,分析原因是距离变近后,蒸汽在吸入进气道过程中,与空气掺混更充分。

表 5.6　各位置蒸汽吸入时发动机进口截面温度畸变情况

蒸汽流量 $m/(\text{kg/s})$	位置	最大温升 ΔT_{max} /K	温度畸变强度 δT_{2FAV} /%	温度畸变不均匀度 $\Delta \overline{T}_2$ /%	最大温升率 $\dot{T}_{max}/(\text{K/s})$	温度畸变持续时间 τ_B /s	高温区边界值 $\theta^+/(°)$
1		8.6	0.03	0.46	6.24	26.8	240
2		32.1	3.16	2.95	12.20	28.6	175
2.5	1	30.7	3.20	3.49	8.59	28.1	165
3		31.5	3.90	3.95	9.18	28.5	175
3.5		34.5	3.20	5.34	9.42	29.3	200
4		36.3	5.34	4.99	11.56	27.5	190

续　表

蒸汽流量 $m/(kg/s)$	位置	最大温升 ΔT_{max} /K	温度畸变强度 δT_{2FAV} /%	温度畸变不均匀度 $\Delta \bar{T}_2$ /%	最大温升率 $\dot{T}_{max}/(K/s)$	温度畸变持续时间 τ_B /s	高温区边界值 $\theta^+/(°)$
1	2	13.7	0.37	1.42	5.39	29.6	180
2		22.0	2.70	2.46	5.90	29.0	165
2.5		27.5	3.21	3.42	10.36	28.6	175
3		32.7	4.58	3.92	12.04	26.5	190
3.5		32.3	4.47	3.67	10.47	28.4	175
4		33.8	5.34	4.10	9.74	26.6	190
1	3	7.0	−0.09	0.10	5.06	24.2	300
2		26.9	2.73	2.49	5.57	25.3	160
2.5		29.3	3.43	2.73	7.73	27.8	160
3		29.4	3.55	2.88	7.64	27.4	155
3.5		28.2	3.97	4.33	10.54	27.4	150
4		30.1	3.99	2.96	10.28	27.9	165

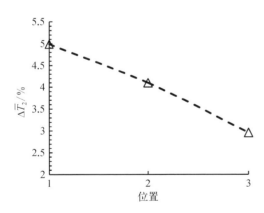

图 5.13　不同位置吸入 4 kg/s 蒸汽时周向不均匀分布

周向不均匀度描述进气道出口截面高温区平均温度与整个面平均温度的相对温升,表征蒸汽携带的焓在进气道出口的集中程度,周向不均匀度越大,说明焓越集中,高温区温度相对越高。图 5.13 为蒸汽泄漏流量是 4 kg/s 时,泄漏槽在不同位置的进气道出口温度周向不均匀度分布,从图中可以看出,随着安装位置的靠近,周向不均匀度从 4.99% 逐步降低到 4.10% 和 2.96%,也从另一方面反映了随着位置的靠近,蒸汽与空气掺混更充分。

温度畸变强度(面平均相对温升)表征发动机进口截面因吸入高温蒸汽而导致的焓的相对增量,也是直接影响发动机稳定裕度的参数。图 5.14 为泄漏槽不同位置、蒸汽流量为 4 kg/s 时的温度畸变强度分布图,从图中可知,位置 1 和位置 2 面平均相对温升相近,位置 3 时吸入蒸汽带入的焓最小,通过观看试验视频(图

5.15），位置 3 泄漏槽位于进气道下方，蒸汽喷出后，部分蒸汽未被进气道吸入，溢散到试车间，导致吸入的焓相对较小。

图 5.16 为泄漏槽不同位置、蒸汽泄漏流量为 4 kg/s 时，进气道出口温度分布图（逆航向），从图中可以看出，高温区主要分布在进气道上方，泄漏槽安装在位置 1、位置 2 时，高温区均位于进气道右上向。泄漏槽安装在位置 3 时，蒸汽由进气道正下方泄漏出来，进气道内温度分布基本左右对称，高温区位于正上方。

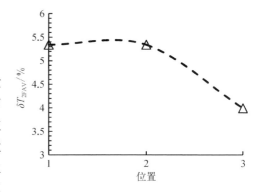

图 5.14　不同位置吸入 4 kg/s 蒸汽时温度畸变强度分布

图 5.17 为三个温度图谱对应的温度周向分布（相同周向角度，温度的平均值在周向的分布），泄漏槽安装在位置 1~3 时，高温区均为 1 个，高温区边界值分别为 190°、190°、165°。泄漏槽位于位置 1 和位置 2 时，高温区位置、形状基本相当。

图 5.15　安装位置 3 时 4 kg/s 泄漏流量试验监控视频截图

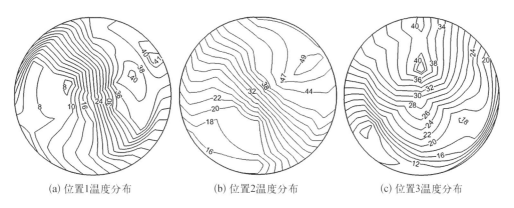

(a) 位置1温度分布　　　(b) 位置2温度分布　　　(c) 位置3温度分布

图 5.16　（逆航向）不同位置泄漏蒸汽时 AIP 截面温度分布（单位：℃）

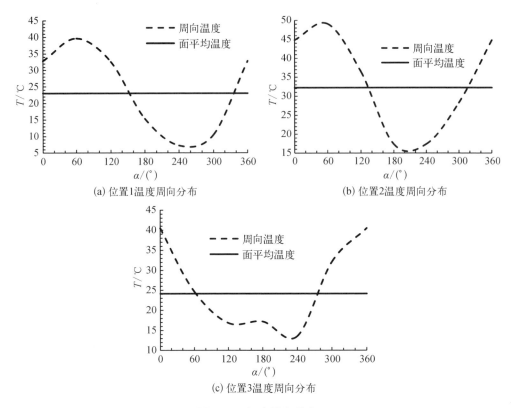

图 5.17   温度周向分布

高温区最大温升率不大于 8 K/s, 30 个测点中, 单点最大瞬态温升率不大于 13 K/s, 表明进气道吸入弹射器泄漏的高温蒸汽产生的此类温度畸变中, 温升率较小, 温升率不是影响发动机稳定性的主要因素, 与国外研究成果[1]结论相同。

b) 蒸汽泄漏流量对温度畸变的影响。

评估试验中蒸汽最大泄漏流量大于真实弹射过程中的理论泄漏量, 在实际弹射过程中, 弹射器的不同, 加工质量及弹射器衰减等的影响, 均可能导致泄漏流量会有所变化, 本节重点分析不同泄漏流量对进气道出口温度畸变的影响。

图 5.18 为泄漏槽在 3 个不同位置、进气道出口温度畸变强度随蒸汽泄漏流量变化图, 从图中可以看出, 当蒸汽泄漏流量小于 2 kg/s 时, 温度畸变强度随着蒸汽泄漏流量的增加而快速增加, 大于 2 kg/s 后, 增加速度放缓。当发动机状态保持为中间状态时, 发动机进口流量相同, 吸入蒸汽温度、干度、流量相同时, 进气道出口截面焓增应一致, 吸入蒸汽流量增加时, 焓增量增大。蒸汽泄漏流量为 2 kg/s 和 2.5 kg/s 时, 温度畸变强度变化不明显, 说明在这两种状态下, 有效吸入进气道的高温蒸汽量相近。在泄漏槽在位置 1 时, 出现了蒸汽泄漏流量为 3.5 kg/s, 进气道出口温度畸变强度小于流量为 3 kg/s 时的现象, 经分析产生此现象的主要原因是:

随着蒸汽泄漏流量的增加,蒸汽泄漏到空气中的速度增大,泄漏槽与进气道距离远时,蒸汽随机逃逸产生流量变化。

位置 3 位于进气道正下方,当泄漏流量达到 3 kg/s 后,随着流量的增加,从试验过程监控视频(图 5.15)可以看出,部分蒸汽从进气道上方逃逸,有效吸入量增加不明显,导致此时温度畸变强度增加不明显。

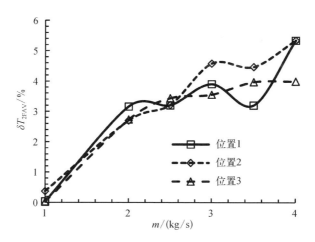

图 5.18　面平均温升随蒸汽流量的变化

图 5.19 为发动机中间状态、泄露槽在 3 个不同位置时温度周向不均匀度随蒸汽泄漏流量的变化图。从图中可以看出,随着蒸汽泄漏流量的增加,总体上周向不均匀度增加。但在蒸汽泄漏流量较大时,这种规律不明显,局部出现泄漏流量增大,不均匀度反而下降的现象,出现这种现象的原因同样是:随着泄漏流量的增加,蒸汽与空气掺混加剧,蒸汽带入的焓集中程度相对降低。

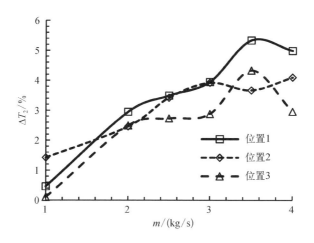

图 5.19　周向不均匀度随蒸汽泄漏流量变化图

在蒸汽大流量时,位置 1 的不均匀最大,主要是由于位置 1 离进气道距离最远,导致蒸汽与从其他方向吸入的空气掺混最少,高温区温度相对较高。

图 5.20 的(a)、(b)分别为泄漏槽安装在不同位置时高温区最大瞬态温升率以及单点最大瞬态温升率随流量的变化图,从图中可以看出,高温区最大瞬态温升率较低,在整个试验中,高温区瞬态温升率最大不超过 8 K/s。为分析温度上升情况,对高温区中每个测量点的温升率进行了统计,图 5.20(b)为单点最大瞬态温升率随泄漏流量的变化,从图中可以看出,单点最大温升率同样较低,小于 13 K/s。且在蒸汽泄漏流量较大时,泄漏流量对温升率影响不明显,泄漏槽位置对温升率影响不明显。

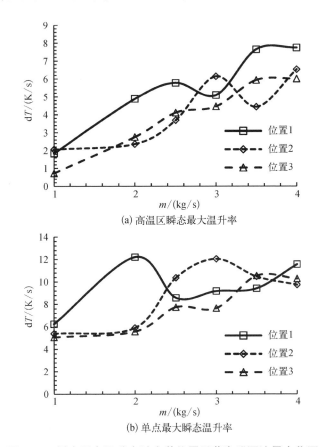

(a) 高温区瞬态最大温升率

(b) 单点最大瞬态温升率

图 5.20 最大瞬态温升率随安装位置及蒸汽泄漏流量变化图

(3) 蒸汽吸入过程中发动机进口压力畸变分析。

泄漏槽安装于位置 1、蒸汽流量为 4 kg/s 时,吸入蒸汽过程进气道出口稳态周向畸变指数变化如图 5.21 所示,由图可知,随着吸入高温蒸汽时间的增长,稳态周向畸变指数逐渐减小,由 9.6% 减小到 8.6%,减小幅度不大。不同时刻总压恢复系数云图如图 5.22~图 5.27 所示,从图中可以看出,随着时间的增加,高压区内的最

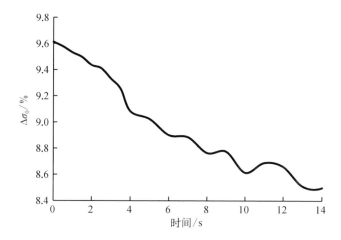

图 5.21　进气道稳态周向畸变指数随时间变化

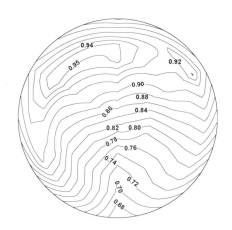 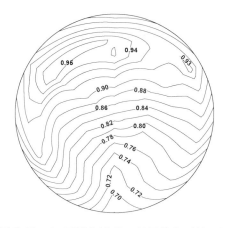

图 5.22　0 s 时进气道出口总压恢复系数云图　　图 5.23　4 s 时进气道出口总压恢复系数云图

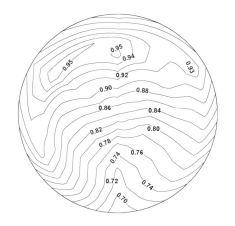 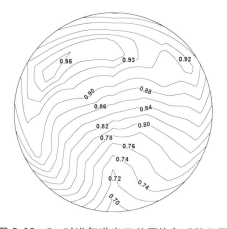

图 5.24　6 s 时进气道出口总压恢复系数云图　　图 5.25　8 s 时进气道出口总压恢复系数云图

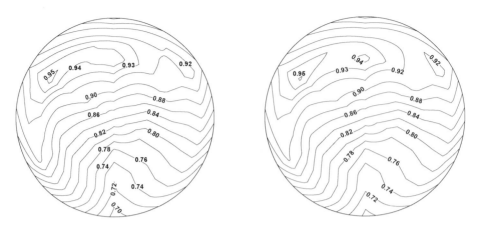

图 5.26　10 s 时进气道出口总压恢复系数云图　　图 5.27　14 s 时进气道出口总压恢复系数云图

高压力变化不明显,低压区的最低压力有逐渐升高现象,且低压区的范围减小,使高低压区压力趋于均匀,稳态周向畸变指数减小。

图 5.28 为图 5.12 中所有测点温度的平均值,由图可知,在蒸汽吸入后,发动机进口截面平均温度升高,平均温度上升速率呈逐步变缓趋势。稳态周向畸变指数减小的原因是:随着发动机进口温度的升高,发动机换算转速下降,进气道马赫数降低,低压区气流损失变小,压力升高。

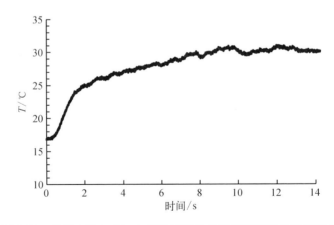

图 5.28　位置 1 吸入 4 kg/s 蒸汽时发动机进口截面平均温度变化

(4) 发动机不同状态抗蒸汽吸入能力分析。

发动机不同转速状态下抗蒸汽吸入试验时环境温度为 8.5℃,泄漏槽安装于位置 4,紧靠进气道下唇口。蒸汽泄漏流量分别为 2.5 kg/s、3 kg/s、3.5 kg/s、4 kg/s,发动机在各试验转速均能稳定工作。

试验中吸入蒸汽流量为 4 kg/s 前后,发动机风扇与压气机出口压力脉动如表

5.7 所示,吸入高温蒸汽后,发动机监控点脉动压力的 A 值有较小程度的增加,但未超限制值,发动机工作稳定。试验未能评估到发动机最大吸入高温蒸汽能力。但也说明蒸汽弹射过程中,发动机剩余稳定裕度较大。

表 5.7　吸入 4 kg/s 蒸汽前后各监控点 A 值变化

泄漏槽安装位置	吸入前			吸入后		
	P_{13}^* 的 $A/\%$	P_{23}^* 的 $A/\%$	P_{31}^* 的 $A/\%$	P_{13}^* 的 $A/\%$	P_{23}^* 的 $A/\%$	P_{31}^* 的 $A/\%$
位置 4	3.5	4.8	1.3	4.2	5.4	2.1

图 5.29 为蒸汽泄漏流量最大时进气道出口温度云图,温度云图左右对称,最高温度出现在正上方进气道壁面附近,最低温度为 12℃,高于环境的 8.5℃,说明此状态下高温蒸汽与进气道内全部空气均有热交换。图 5.30 为温度的周向分布图,低温区与位置 3 试验时接近,但本次试验中高温区范围更大,达到 210°,与泄漏位置位于进气道下唇口,蒸汽与空气掺混更充分有关。

表 5.8 为不同蒸汽流量时进气道出口温度畸变参数,从表中可以看出,在蒸汽泄漏流量为 4 kg/s 时,面平均相对温升较泄漏槽安装

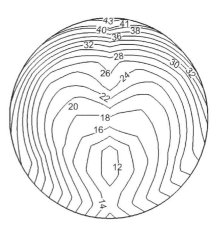

图 5.29　位置 4 最大泄漏流量时进气道出口温度云图(单位:℃)

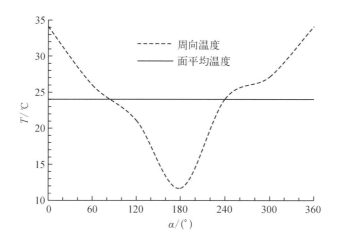

图 5.30　位置 4 最大泄漏流量时进气道出口温度周向分布

在位置1、2、3时要大,说明此时吸入蒸汽携带焓要多;但周向不均匀度最小,说明蒸汽吸入后,与空气掺混更充分,温度的空间畸变程度最小。

表5.8   位置4蒸汽吸入时发动机进口截面温度畸变情况

$m/(\text{kg/s})$	位置	$\Delta T_{max}/K$	$\delta T_{2FAV}/\%$	$\Delta \overline{T}_2/\%$	$\dot{T}_{\theta_{max}}/(\text{K/s})$	$\dot{T}_{max}/(\text{K/s})$	τ_B/s	$\theta^+/(°)$
2.5		38.4	4.75	2.21	6.81	18.26	25.2	185
3	4	37.7	5.27	1.42	5.74	18.19	28.4	185
3.5		37.3	5.54	1.38	6.57	19.74	23.9	200
4		37.4	6.01	1.43	7.73	20.88	30.8	210

泄漏槽安装于位置4时,进气道出口截面温升率较其他3个位置明显升高,也说明了容腔体积对温升率有重要影响。位置4位于进气道下唇口,槽口与进气道进口之间的容腔基本消失,仅保留有进气道本身容腔。容腔体积大幅度减小,温升率提高,如需产生更高的温升率,需高温蒸汽在测量位置直接快速喷射。

2) 蒸汽吸入对发动机推力影响

图5.31为泄漏槽安装于位置1、蒸汽泄漏流量为4 kg/s时,发动机推力相对变化情况。从图中可以看出,当蒸汽吸入时,发动机推力出现下降现象。表5.9是泄漏槽安装在各位置、蒸汽流量为4 kg/s时,推力最大损失情况,从表中可以看出,最大推力损失为6.8%~10.5%。

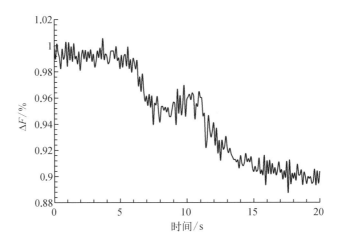

图5.31   位置1 4 kg/s蒸汽流量时推力变化

表 5.9　各安装位置蒸汽吸入过程中最大推力损失情况

泄漏槽安装位置	1	2	3
最大推力损失/%	10.5	6.8	9.3

5.2　装机条件下红外隐身试验

5.2.1　研究背景

随着红外探测和遥感技术的高速发展,红外制导导弹命中精度越来越高,据统计,各国的空对空导弹 60% 以上采用红外制导,全球近十几年的多次局部战争统计数字表明,94% 的飞机毁损于导弹,其中红外制导导弹占 90%。为了提高作战飞机的战场生存力,需要最大限度降低飞机红外辐射能量。

由于发动机自身包含大量高温部件,并且在飞行过程中产生高温尾喷流,发动机的红外辐射能量在飞机总辐射能量中占比很大,发动机红外隐身是飞机隐身工作中的重中之重,因此需要开展装机条件下红外隐身试验,有效评估发动机真实条件下红外隐身性能。

5.2.2　试验目的

装机条件下红外隐身试验目的如下:

(1) 获取发动机工作状态下在中波、长波波段红外辐射亮度、强度和光谱分布特性;

(2) 获取发动机工作状态下红外辐射空间分布特性;

(3) 为发动机隐身设计改进改型提供数据支撑。

5.2.3　试验方案设计

1. 试验件的选择

试验用发动机各类状态应与设计定型状态一致。若存在不一致的状态,需要不影响发动机红外隐身试验结果评估。

2. 试验前准备

在开展航空发动机整机红外测试前,需要做一系列的准备工作,其中主要准备工作有:确定目标尺寸大小、确定仪器放置位置和视场角、仪器标定等。在正式试验前,需要在试验现场进行充分的准备工作,首先需要按照红外测试要求完成红外辐射遮蔽装置的设计及安装工作,同时对测试场地进行清理检查,保证测试场地路面无杂草、碎石、凹坑等,便于红外测试平台移动。

为了保证红外测试工作顺利开展,需要对红外辐射测试仪器进行充分准备,利用黑体验证红外光谱辐射计、中波红外热像仪和长波红外热像仪能够正常工作,依据保养制度对红外辐射测试系统进行维护保养,保证红外相关仪器能够正常稳定工作;解决红外仪器布置、现场电源、仪器防护等相关细节问题,确保红外辐射测试顺利开展。

各个红外测点位置需根据红外测试仪器的视场范围大小以及各角度目标尺寸进行详细计算,同时利用气象参数测量系统确定人员和设备能够摆放的安全距离,最终通过计算确定各个方位角的最佳视场、最佳测点距离。

试验设备主要是由航空发动机试车台架、红外测试设备两大部分组成。

试车台架组成部分:台架部分、发动机控制系统、测试系统、电气系统、起动系统、燃油系统等。试车台架需要满足当前发动机的红外辐射测试需求。

红外测试设备主要包括红外光谱辐射计和红外热像仪,红外测试配套设备主要包括黑体标校系统、气象参数测量系统及红外测试平台等。红外光谱辐射计主要功能是测试航空发动机光谱辐射强度、光谱辐射亮度以及光谱曲线等,红外光谱辐射计根据其测试原理主要分为傅里叶变换式和渐变滤波式两种。红外热像仪主要功能是测试航空发动机红外辐射空间分布特性,捕捉发动机机体及尾喷流瞬态温度场变化,进而能够清晰展示出二维发动机红外辐射空间分布特性。红外热像仪根据其波段范围可分为中波红外热像仪和长波红外热像仪,红外热像仪拍摄效果见图5.32。

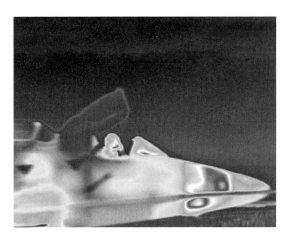

图 5.32 红外热像仪拍摄效果

根据航空发动机整机红外试验的要求,需要获取发动机尾喷管、尾喷流以及外露蒙皮热辐射等主要目标的红外辐射特性,由于发动机的外露机体及其尾喷流尺寸相对较大,且需保证现场测试仪器及相关人员的安全,所以试验所需的场地较大,实际试验场地应按照国军标 GJB 241A - 2010《航空涡轮喷气和涡轮风扇发动机通用规范》要求,结合仪器视场范围和场地限制设计建设试验场地。

3. 测试方案设计

航空发动机整机红外测试方案分成六个阶段:试验现场准备工作、红外辐射测试仪器准备工作、测点位置确定、正式试验、测试数据处理以及试验报告编写,见图5.33。

正式试验时,应按照以下红外测试方案实施:

图 5.33　整机红外测试工作六个阶段

（1）布置气象参数测量系统，试验中全程测量大气温度、大气湿度、风速、风向等气象参数；

（2）移动红外测试平台到一个测点位置，连接红外测试平台总电源；

（3）启动红外光谱辐射计和红外热像仪；

（4）调整仪器瞄准目标；

（5）启动发动机，依次调节到任务要求的试验状态，开展红外辐射特征测量；

（6）试验器停车，移动红外测试平台到下一个测点位置，开始测量下一测点红外特性。

4. 试验内容设计

航空发动机整机红外试验内容需包含：发动机试车状态、红外测试的测试波段、测试方位角等相关内容。采用在 $1\sim3~\mu\mathrm{m}$、$3\sim5~\mu\mathrm{m}$、$8\sim10~\mu\mathrm{m}$、$10\sim12~\mu\mathrm{m}$ 及 $12\sim14~\mu\mathrm{m}$ 带通内灵敏的辐射计，用带通来检验总红外辐射信号，使用 $0°\sim180°$ 的每个方位角上的分辨率至少为 $0.05~\mu\mathrm{m}$ 的光谱仪来进行光谱测量，以辨别出排气火焰的红外辐射信号。对于具有专门红外抑制系统的发动机，则需在抑制系统工作及不工作的两种情况下进行试验。

5. 试验程序设计

完成准备工作后，调节发动机运行至某状态稳定，利用红外仪器对目标进行测量，测量完成后应确定红外数据的有效性，以便确定后续试验能否继续开展。航空发动机整机红外测试通用流程见图 5.34。

图 5.34　航空发动机整机红外测试通用流程

6. 数据处理和分析

通过航空发动机整机红外测试,能够获得目标红外辐射特性和红外辐射空间分布特性,应该分别对两类数据进行处理分析。

对于目标红外辐射特性来说,通过对获取到的目标辐射能量进行计算,得到目标光谱辐射强度、光谱辐射亮度以及相应的光谱曲线,进而可以获取目标红外辐射特性随发动机状态变化规律以及测试方位角变化规律,并且通过分析光谱曲线,能够详细分析各个波段范围内发动机各类固体或气体的吸收与辐射变化规律。

由于辐射计测量目标辐射时,测量结果受环境温度、湿度、大气成分含量和仪器本身的噪声等多种因素的影响较大,所以每次使用前都要对辐射计进行校准。理想的光谱仪对于入射光谱辐射的响应是线性的,响应关系可表示为公式(5.2),为了确定 $R(\lambda)$ 和 $L_0(\lambda)$ 这两个参数,至少需要测量两个温度下的黑体光谱辐射亮度 $L(T, \lambda)$。即设定两个黑体温度,一个高温、一个低温,待黑体稳定到设定温度时,用辐射计测量黑体辐射,并记录仪器测量结果 $V(\lambda)$(不同波长对应的响应电压),然后利用已知的两组 $L(T, \lambda)$ 和 $V(\lambda)$,确定 $R(\lambda)$ 和 $L_0(\lambda)$:

$$V(\lambda) = R(\lambda)\left[L(T, \lambda) + L_0(\lambda)\right] \tag{5.2}$$

式中,$V(\lambda)$ 为光谱仪测量结果,V;$R(\lambda)$ 为光谱仪的辐亮度响应函数;$L(T, \lambda)$ 为入射光谱辐射亮度;$L_0(\lambda)$ 为光谱仪内部杂乱的光谱辐射亮度。

仪器校准可以分为两点校准和多点校准,如图 5.35 和图 5.36 所示。

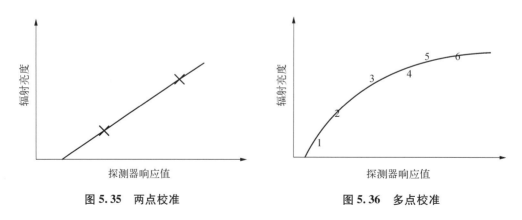

图 5.35　两点校准　　　　　图 5.36　多点校准

对于红外辐射空间分布特性来说,根据测试任务要求,在测量获取的大量红外热像图中选取航空发动机特定状态下的红外热像图,选取的红外热像图应满足图像清晰度、目标像素和测试方位角等要求,通过红外热像图可以得到直观分析发动机红外辐射空间分布特性,通过详细分析可以得到发动机涡轮部件、喷管部件以及尾喷流等随测试方位角的变化情况,进而可以对特定方位角的特定部件进行有效红外抑制。

红外热像仪出厂自带校准软件,但是校准曲线是在试验室条件下进行标定的,而外场环境复杂多变,测试系统自带软件不能很好模拟外场复杂大气条件,要实现辐射外场辐射目标的准确测试,必须对红外热像仪进行校准。

在航空发动机测试中,由于目标通常为长方形,而辐射计的视场是圆形的,所以目标无法完全充满光谱辐射计的整个视场,视场中非目标的部分统称为背景,这种带背景的测量会使得测量结果远大于实际辐射值,为了得到准确的目标辐射值就必须进行背景修正。

目前,光谱辐射计采用对背景辐射值单独测量,然后从目标测量结果中去除的方法进行背景修正,修正后的结果就是目标的辐射结果,其背景修正原理为

$$M = a_0 + a_1 \times k \times L + (1 - k)(M_B - a_0) \tag{5.3}$$

$$k = \frac{A_T}{A_{FOV}} \tag{5.4}$$

$$A_{FOV} = \pi \left[\tan\left(\frac{\theta}{2\,000}\right) R \right]^2 \tag{5.5}$$

式中,M 为测量电压,V;a_0 为仪器的固定影响,V;a_1 为检测器响应以及计算系统损失所造成的比例因子,V/[W/(cm² · sr · cm⁻¹)];k 为视场填充比;L 为目标的光谱辐射亮度,W/[cm² · sr · cm⁻¹];M_B 为背景测量电压,V;A_T 为目标的面积,m²;A_{FOV} 为视场覆盖的面积,m²;θ 为视场角,mrad;R 为探测器到目标的距离,m。

在红外辐射测量过程中,当目标辐射通过大气传输时会出现因大气吸收和散射而产生的衰减效应,这会使测量值偏低。在低空红外光谱区域内,影响大气衰减的主要因素是粒子散射以及分子的带吸收。其中在近地面大气成分中比重最高、影响最大的分子是水和二氧化碳,水蒸气的吸收带主要集中在 2.7 μm 和 6.27 μm,二氧化碳的吸收带主要集中在 2.7 μm、4.3 μm 和 14 μm 附近。而且大气的吸收率的大小和二氧化碳和水蒸气的浓度有关,不同季节、不同天气、不同时间段二氧化碳和水蒸气的浓度都会有变换,所以同一目标在不同的环境下的测量结果是不同的,在距离较远时测量得到的发动机尾喷流的表观辐射必须利用大气透过率修正才能得到零视距辐射值。

目前,大气修正可以利用 MODTRAN 软件计算大气透过率,其方法为:在目标测量的同时,利用自动气象站记录气象参数,包括二氧化碳含量、相对湿度、大气温度等信息,将这些参数带入 MODTRAN 软件,计算得到相应的大气透过率,然后反算出大气修正后的目标光谱辐射亮度曲线。

MODTRAN 适合计算水平均匀大气或垂直方向大气层的红外辐射透过率,而在试验现场随着试验的进行,试验件周围(测量场地)的 CO_2 和水蒸气不断聚集, CO_2 和水蒸气的浓度随时间不断变化,而且试验件周围(测量场地)CO_2 和水蒸气的分布是不均匀的,这样利用 MODTRAN 计算的大气的透过率会带来较大误差。为满足对比试验较高的测量精度要求,需要研究更有效精确的修正方式。

7. 试验数据不确定度分析

航空发动机整机红外测试过程中的不确定影响因素主要包括:

(1) 红外测量仪器的系统误差;

(2) 红外仪器标定误差;

(3) 测量距离误差;

(4) 背景辐射影响。

5.2.4　试验案例

试验件为某型航空发动机整机,试验在露天航空发动机试车台开展,该试验台主要为发动机整机红外试验提供平台,通过某型发动机整机红外辐射特征测试,获得该发动机在中波、长波波段红外辐射强度及空间分布特征。

红外测试设备及配套设备主要包括红外光谱辐射计、红外热像仪、大气透过率测量系统、黑体标校系统、气象参数测量系统、全站型电子速测仪及红外测试平台。

试验前,设计和加工红外辐射遮蔽装置,在试验时利用红外辐射遮蔽装置对被试发动机以及露天试车台架进行必要的遮挡,尽量减小发动机外表面以及试车台架的红外辐射,使发动机后向红外辐射特征与"装机状态"接近一致。

在试车台进行某型发动机红外辐射测试试验后,获得了某发动机方位角为0°、2.5°、5°、10°、15°、20°、30°、40°、60°和90°,3~5 μm 和 8~14 μm 发动机红外辐射特征数据,位置关系图见图5.37[2]。

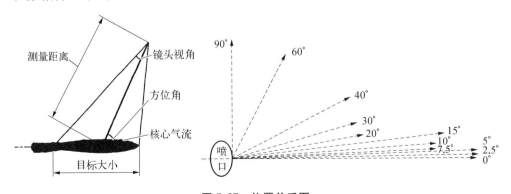

图 5.37　位置关系图

利用光谱辐射计得到了红外辐射强度的光谱分布曲线,通过积分的方式得出不同观测角度下红外辐射强度,如图 5.38 所示[2]。

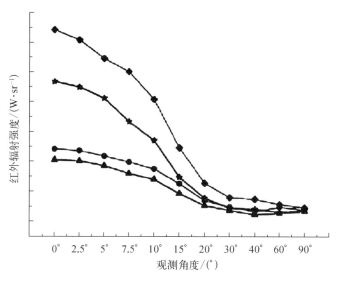

图 5.38　红外辐射强度

参考文献

[1]　The Engineering Society for Advancing Mobility Land Sea Air and Space. AID50015. A current assessment of the inlet/engine temperature distortion problem [S]. Atlanta：Society of Automotive Engineers,1991.

[2]　许帆,姚凯凯,张锐娟,等. 航空发动机红外辐射特性测试评估技术[J]. 激光与红外, 2019,49(10)：1223 - 1227.

第6章

试验技术展望

在未来的几年内,航空发动机进排气系统试验专业需重点开展进排气装置环境/动态/等效试验、极端条件下测试等基础研究,突破环境试验、等效试验、试验分析与修正等技术,具备高温、高压、高速环境下多物理场参数的精准化、精细化测试能力。例如,进排气装置缩放模型试验、台架校准比对与换算准则等效试验方法;进排气装置复杂流道内、外流的稳/动态与三维流场测试技术;进排气装置动态/过渡态试验参数测试方法;排气装置隐身特性等参数测试方法;进排气装置模拟复杂真实工作环境的多学科交叉耦合试验及测试技术;进排气装置系统化、精准化的稳态/动态参数试验台仿真试验方法。

航空发动机进排气系统需建立全面支撑先进进排气装置自主研发的试验与测试平台和理论技术体系,具备仿真及数字化试验测试能力,掌握以智能化、数字化与精细化为典型技术特征的多学科交叉融合试验与测试技术,全面具备支撑进排气装置自主研发的核心试验测试能力。

1) 高空环境真实模拟试验技术

目前高空环境真实模拟试验技术还有提高的空间,需要解决航空发动机空中工作环境条件模拟技术成熟度较低和目前尚属空白的试验模拟方法及相关技术难题,包括超低压、超低温、流场品质、高落压比、内外流模拟试验。通过这些试验技术研究的开展,可以缩短进气道和喷管研究时间,缩减试验费用,提高部件的设计迭代速度,更真实地反映部件工作情况,支撑仿真计算等。

2) 进排气装置气动等效试验技术

虽然进排气装置的全尺寸气动试验反映其工作状况更准确,但其能源消耗、试验成本、研究风险、开展周期也相对较长,开展相关等效试验可以很好地解决上述问题。为此针对国内发动机部件缩尺/模化试验、全尺寸流动和气动载荷模拟等问题,还需开展相关技术研究,包括航空发动机喷管和进气道、燃气轮机排气蜗壳的缩放准则、模化试验方法、缩放模型/模化试验结果评定方法。通过这些技术研究,提升发动机喷管和进气道、燃气轮机排气蜗壳在气动模化试验和气动性能获取等方面的试验技术能力。

3）喷管红外辐射测试及隐身等效试验技术

目前航空发动机整机试验由于对影响测试精度的因素及原理仍然不完全清楚，试验精度和试验重复性仍然存在很大差距。未来发动机排气系统红外辐射测试技术发展方向可以从以下两方面开展：一是红外测试仪器本身工作状态、仪器所处环境条件等众多因素的变化都会对试验结果造成影响，将各个测试环节影响因素进行分类细致分析；二是红外辐射测试方法和数据处理方法也会对测试精度造成影响，红外辐射测试方法主要包括红外辐射仪器的使用方法、校准方法，任意一个环节出现问题都会导致红外辐射测试结果误差过大甚至出现结果错误，而数据处理方法的合适与否会直接影响最终的测试精度，通过深入研究测试方法形成标准化的红外辐射测试流程，提升红外辐射测试精度。

要想完全掌握上述因素对红外辐射测试准确性的影响规律和修正方法，确定合适的仪器使用和校准方法以及数据处理方法，除了在理论上进行深入研究，还必须经过试验验证，而通过在模型试验器上开展试验探索和验证工作既能满足红外辐射测试对设备的要求，又能保证试验状态完全可控，同时与整机试验相比也节省了大量的成本资源。

针对发动机排气系统红外辐射测试中背景干扰、大气吸收、测试结果不确定分析等问题进行深入研究，开展大气参数对测试结果影响规律与大气光谱透过率高精度标定方法研究，开展背景干扰对测试结果影响规律与背景辐射抑制方法研究，开展整机和模型等红外辐射参数测试方法的验证试验与不确定度分析方法研究，将红外测量试验测试结果进行整理归纳，建立起航空发动机红外测试数据库进行存储，最终实现高精度发动机排气系统红外辐射测试，对发动机红外效果进行有效评估。

针对国内军用飞行器对发动机隐身性提出的更高要求，开展技术基础相对比较薄弱的喷管红外辐射、雷达散射、冷却技术等方面的模拟试验方法、试验结果评估方法等方面的研究，为验证和考核发动机喷管隐身设计技术提供支持。

4）过渡态气动特性试验技术

针对发动机过渡态过程的试验技术尚存在缺项和部分不完善等问题，需开展相关技术研究，重点包括飞行器加速/减速平飞、爬升/下滑、机动等过程中，获取发动机进气道和喷管的气动特性、推力、壁温等参数随时间快速变化规律的试验方法、试验结果评估方法，以及组合动力发动机在模态转换过程中进气道和喷管性能的高空试验模拟方法、试验结果评估方法等。通过这些技术研究，提升发动机进气道和喷管过渡态气动特性试验技术能力，掌握组合动力模态转换进气道和喷管试验技术。

5）推力特性测试技术

航空发动机喷管推力是喷管设计的重要技术指标，针对喷管推力精确测量需求,开展相关技术研究,包括喷管多分力测试技术、反推力测试技术、矢量推力测量天平标定及修正、推力测量天平解耦技术。

现有的矢量推力测量天平多采用各向单独校准方式,这对单方向力测量是有效的,但对矢量力测量来说,是存在偏差的。因为各向单独校准无法获得耦合特性,也就无法修正耦合干扰。因此需要进行矢量力校准,对比验证不同偏角的矢量力产生的耦合关系,检验按不同偏角校准得到的耦合关系是否可应用于其他偏角的矢量力测量,总结出矢量校准使用范围,从而可根据试验件不同的矢量力进行相应矢量校准,最大限度接近试验件工作情况,提高测力精度。未来参考风洞中推力测量天平的解耦算法,如线性解耦、非线性解耦、神经网络解耦等,其中,神经网络解耦最复杂,需消除空间力互相干扰影响。另外应通过研究具备矢量校准功能的校准装置,更真实地模拟试验件矢量推力的方向、大小、作用点,开展不同作用点、不同方向的推力对校准结果影响的研究。

同时还需建立单股流、双股流喷管的推力和流量标准数据库,用于测量天平动态矢量力校准,指导喷管性能优化设计。

6) 进排气装置复杂流场测试技术

针对进排气装置内、外复杂流场精确测量需求,还需开展非接触光学三维流场测试技术研究,克服高温、高速、大空间、复杂流道的流场测试技术难题。例如,喷口速度场测试技术,解决喷口速度高、流场复杂等测量问题;喷口波系测试技术研究,解决喷口波系测量问题,填补测试能力空白;进气道、喷口压力场测试技术,解决进气道、喷口亚跨超声速压力场测量问题;示踪粒子测速法高精度自动标定技术,解决人工标定误差大的问题,突破高精度自动标定的技术瓶颈,提升标定精度和效率;示踪粒子测速法校准方法,解决测量精度评定问题,提升测试精度。

7) 进排气噪声测试技术

基于现阶段国内外各研究机构的研究路线及发展方向,总的来说,进排气噪声试验技术的发展正在向噪声精准量化评估与转换技术以及微观流场捕捉与声场可视化技术两大方向发展。其中,噪声精准量化评估与转换技术方面是在精准化的测试与修正技术的基础上,在气动相似条件下开展多尺度(包含整机级、部件级、原理级)声学试验转换方法研究,掌握缩尺、流动等参数对声学特性影响规律,进而实现在任意尺度试验测试条件下精准获取部件及整机噪声特性,提高试验研究效率,缩短研制周期;而微观流场捕捉与声场可视化技术则是通过 PIV、热线、Microflown传感器等先进的测试手段实现对微观流场、质点速度等参数的获取,进而直观给出如整机试车环境、舰面环境等特定环境下的声场分布,最终,为航空发动机进排气系统的研究工作提供可靠数据支撑。

8) 海量数据智能清洗/增殖与数据库重构技术

发动机进排气系统试验数据挖掘深度应用、试验状态监控和健康管理、试验测试自动化等均离不开有效可靠的海量数据支持。针对近几十年大量进排气系统试验积累的结构形式、采集与存储方式、处理分析方法等不同,且属性信息不全的庞杂数据,软件日益泛滥,经常需要在不同架构系统间进行数据传递。但部分数据库系统封闭性极强,缺少与常用数据库之间的接口,使其不利于进行二次开发。需研究筛选归集有效可靠数据的智能方法、自动补全试验数据属性信息的科学方法,建立能够方便快捷不断纳入筛选归集并经自动补全的有效可靠历史/实时数据的数据库。

9)进排气装置试验平台构建与虚拟试验技术

虚拟试验技术是一种先进的计算机试验仿真技术,利用它可以在虚拟环境下,借助交互式技术和试验分析技术,使设计者在设计阶段就能对产品的性能进行评价或试验验证。从广义上讲,虚拟试验是指任何不使用或部分使用实际硬件来构成试验环境,完成实际物理试验的技术和方法。

针对进排气装置试验设备建设投入多、周期长、调节控制复杂、试验成本高等问题,研究开发可适用于不同类型、规模高空台的多维可缩放高精度仿真模型簇,构建进排气装置试验设备与试验件无缝连接的仿真平台,开展利用该仿真平台进行数字试验的方法,为试验平台设计、适应性改造、试验方案优化和试验结果预测、试验在线监控与故障诊断等提供工具和数据支持。

在进排气系统试验中,可以在计算机上采用软件代替部分硬件或全部硬件实现各种虚拟试验环境,使试验者如同在真实的试验环境中一样完成各种预订试验项目,取得接近或等价于真实试验的数据结果。因此,虚拟试验不仅可以作为真实试验的前期准备,而且在一定程度上可以代替传统的进排气系统试验。与传统试验相比,进排气系统虚拟试验具有以下优点:虚拟试验代替实际试验,实现了试验不限时间、场地、次数等因素的限制;虚拟试验可对试验过程进行回放、再现和重复;试验成本低,试验可重复,试验安全可靠,试验可控性好,信息量大而丰富;在产品的开发中,虚拟试验可以实现设计者、产品、用户在设计阶段的信息互相反馈,使设计者全方位吸收采纳对新产品的建议。